高等职业教育机电工程类系列教材

ABB 工业机器人编程与操作

主编　许怡赦　沈　建　王玉方

西安电子科技大学出版社

内 容 简 介

本书以 ABB 工业机器人多功能工作站为平台，采用"项目导入、任务驱动"的模式安排教材内容，以"理论够用"为原则将知识点碎片化，并强调"以做为主"的教学理念。本书包括 ABB 工业机器人手动操作、坐标设定、下料切割编程与操作、打磨抛光编程与操作、搬运码垛编程与操作以及涂胶作业虚实结合编程与操作六个项目。每个项目均通过实践案例进行讲解，兼顾了 ABB 工业机器人技术基础知识以及 ABB 工业机器人在行业中的实际应用情况；在讲解基础理论的同时，注重内容的实用性和实施的可操作性，以培养学生的动手能力和创新思维。

本书内容深入浅出，图文并茂，可作为高职高专院校工业机器人技术专业基础课程以及机电一体化、电气自动化等专业扩展课程的教材，也可作为各类工业机器人技术应用的培训教材，还可作为从事工业机器人系统集成、工业机器人操作和编程等工作的工程技术人员的参考书。

图书在版编目(CIP)数据

ABB 工业机器人编程与操作 / 许怡赦，沈建，王玉方主编. —西安：西安电子科技大学出版社，2022.2(2022.6 重印)
ISBN 978–7–5606–6293–0

Ⅰ. ①A… Ⅱ. ①许… ②沈… ③王… Ⅲ. ①工业机器人—程序设计—高等职业教育—教材 Ⅳ. ① TP242.2

中国版本图书馆 CIP 数据核字(2022)第 002051 号

策　　划　　杨丕勇
责任编辑　　杨丕勇
出版发行　　西安电子科技大学出版社(西安市太白南路 2 号)
电　　话　　(029)88202421　88201467　　　　邮　　编　　710071
网　　址　　www.xduph.com　　　　　　　　电子邮箱　　xdupfxb001@163.com
经　　销　　新华书店
印刷单位　　咸阳华盛印务有限责任公司
版　　次　　2022 年 2 月第 1 版　　2022 年 6 月第 2 次印刷
开　　本　　787 毫米×1092 毫米　1/16　印张 10.5
字　　数　　243 千字
印　　数　　501～2500 册
定　　价　　29.00 元
ISBN 978–7–5606–6293–0 / TP
XDUP 6595001–2
*****如有印装问题可调换*****

前　言

　　"十三五"期间，国家陆续出台了许多政策促进工业机器人行业发展，如：2016 年国务院发布的"十三五"规划纲要中提出要大力发展工业机器人，工业和信息化部、国家发展和改革委员会及财政部联合发布了《机器人产业发展规划（2016—2020 年）》，国务院发布了《"十三五"国家科技创新规划》，工业和信息化部、财政部印发了《智能制造发展规划（2016—2020 年）》，等等。在国家政策的支持下，工业机器人行业发展迅速，现已广泛应用于汽车、电子、冶金和化工等行业，我国也连续几年成为世界第一大工业机器人市场。尽管如此，每万名制造业工人拥有的机器人数量仍远低于发达国家水平，甚至低于国际平均水平。随着行业需求的不断扩大和劳动力成本的不断提高，我国工业机器人市场发展潜力巨大，预计未来几年，我国工业机器人市场仍将维持高速增长态势。

　　在多种因素推动工业机器人行业不断发展的同时，国家对工业机器人应用型人才的培养也十分重视。目前，开设工业机器人技术专业的高职院校超过千所，本科层次工业机器人技术专业也在展开。在增加人才培养数量的同时，国家也推出了工业机器人操作与编程等"1+X"认证和工业机器人系统操作员等职业技能标准，旨在提升工业机器人应用型人才的质量。不过，目前工业机器人应用型人才缺口巨大。据预测，到 2025 年，我国工业机器人市场人才需求将达 900 万人，人才缺口达 450 万人，工业机器人应用型人才不足仍然是制约我国工业机器人产业发展的核心问题之一。

　　本书将理论与实践相结合，旨在培养学生在工业机器人安装、调试和维护等应用方面的技能，同时有助于学生掌握工业机器人技术基础的有关知识以及工业机器人在行业中的应用。另外，本书兼顾了工业机器人技术专业"1+X"证书有关工业机器人编程与操作、系统集成和运维等理论知识与实操的要求，有助于学生考证。

本书由许怡赦、沈建、王玉方担任主编。编写分工为：湖南网络工程职业学院王玉方编写项目一，许怡赦编写项目二，姚钢和郴州综合职业中专学校胡松柏编写项目四，朱雷和许孔联编写项目六；湖南邮电职业技术学院孔凡凤和湘西民族职业技术学院张俊丽编写项目三；湖南科瑞特科技有限公司罗清鹏和长沙职业技术学院沈建编写项目五。

本书在编写过程中得到了湖南科瑞特科技有限公司的大力支持和帮助，同时得到了 2020 年度湖南省哲学社会科学基金一般项目（20YBA190）的支持，在此深表谢意。

本书也是编者近几年教学工作的总结，很多内容取自教学讲义。由于编者水平有限，书中难免存在不妥之处，恳请读者批评指正，联系邮箱：yishexu@163.com。

编　者

2021 年 10 月

目　　录

项目一　ABB 工业机器人手动操作

一、学习目标

(1) 了解工业机器人的定义、发展历史和分类，组成系统及各系统之间的关系，技术参数。

(2) 了解 ABB IRB120 工业机器人的规格参数、工作范围，控制柜和示教器等。

(3) 掌握 ABB IRB120 示教器的基本使用方法，工业机器人安全操作规程，坐标系的概念，机器人的运动形式、增量模式和速度百分比的设定方法等。

(4) 掌握工业机器人手动操作快捷方法和转数计数器更新操作方法。

(5) 能够安全、正确地开启和关闭工业机器人，将工业机器人从急停状态恢复至正常工作，并按安全操作规程进行机器人操作。

(6) 能够正确选择动作模式、坐标系和增量模式。

(7) 能够手动操纵机器人进行单轴运动、线性运动和重定位运动，并能理解机器人运动方向及其与坐标系的关联性。

二、工作任务

(一) 任务描述

手动操作 ABB IRB120 工业机器人作单轴运动、线性运动和重定位运动，注意各轴运动方向、工具 TCP 运动方向，并能用右手定则理解运动方向及其与坐标系的关系。

(二) 所需设备和材料

本任务所需设备为 ABB 工业机器人工作站，如图 1-1 所示。

图 1-1　ABB 工业机器人工作站

(三) 技术要求

(1) 手动操作时机器人速度百分比不超过 10 %，为安全起见，通常选用较低的速度。

(2) 机器人与周围任何物体间不得有干涉。

(3) 示教器不得随意放置，不得跌落，以免损坏触摸屏。

(4) 不能强行对机器人断电，要遵守开关机顺序。

(5) 不得人为干扰机器人工作区间。

(6) 爱护机器人与示教器，不得随意拨动摇杆和按下使能器按钮。

(7) 注意用电安全。

三、知识储备

(一) 认知 ABB IRB120 工业机器人

1. 本体结构

ABB IRB120(见图 1-2)是 ABB 新型第四代机器人家族中的最小成员，其外形尺寸和工作范围如图 1-3 和图 1-4 所示，规格参数如表 1-1 所示。其主体质量仅为 25 kg，结构紧凑，几乎可以安装在任何地方，比如工作站内部、机械设备上方或生产线上其他机器人旁。该机器人功率强劲，可实现高速运行，应用中能确保优异的精准度与敏捷性，广泛应用于电子、食品、制药等物料搬运与装配领域中。

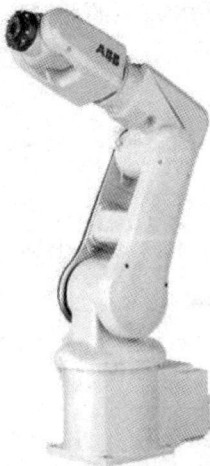

图 1-2　ABB IRB120 本体结构　　　　图 1-3　ABB IRB120 的外形尺寸

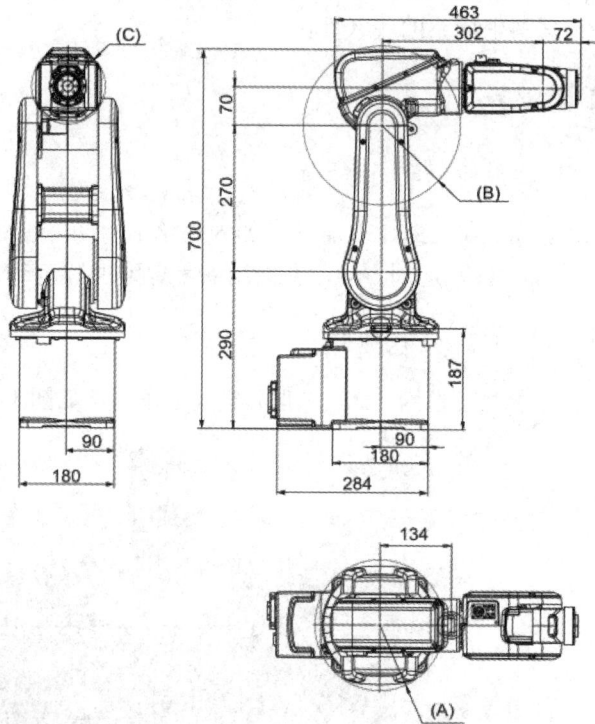

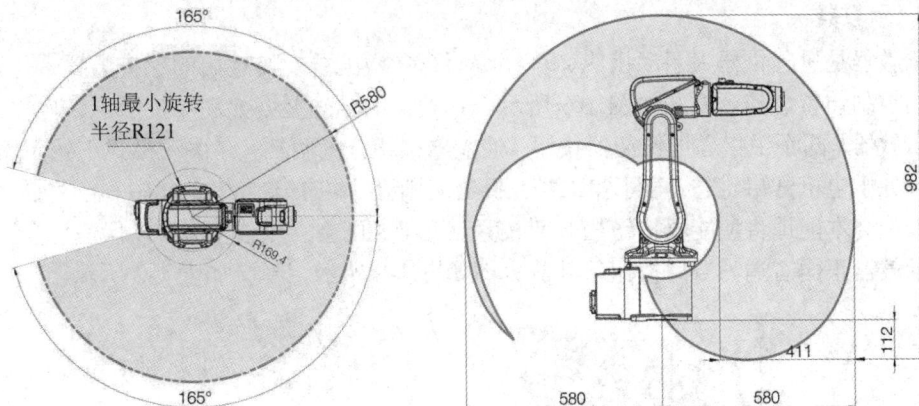

图 1-4　ABB IRB120 的工作范围

表 1-1　ABB IRB120 工业机器人规格参数

规格参数	参数值	规格参数		参数值
构造	关节型	运动范围 /(°)	J1/旋回	+165~-165
关节数/个	6		J2/前后	+110~-110
驱动方式	AC 伺服驱动		J3/上下	+70~-90
可搬物体质量/kg	3		J4/旋转	+160~-160
最大工作半径/mm	580		J5/弯曲	+120~-120
重复定位精度/mm	0.01		J6/旋转	+400~-400
运动中环境温度/℃	5~45	最大速度 /[(°)/s]	J1/旋回	250
设置条件	地面、壁挂、悬吊、倾斜		J2/前后	250
			J3/上下	250
防护等级	IP30		J4/旋转	320
主体质量/kg	25		J5/弯曲	320
噪声水平/dB	70		J6/旋转	420

2. 控制柜

图 1-5 所示为 ABB IRB120 控制柜，图中紧急停止按钮、上电按钮和模式切换旋钮经常使用，抱闸失电按钮仅在手动机械调零时才使用。

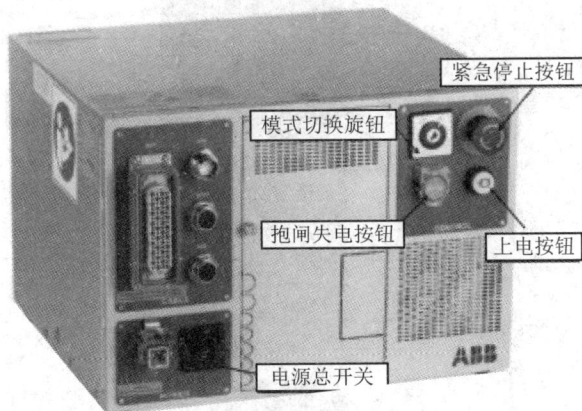

图 1-5　ABB IRB120 控制柜

3. 示教器

示教器是进行机器人手动操纵、程序编写、参数配置及监控用的手持装置，也是经常使用的控制装置，其示意图如图 1-6 所示。示教器的正确握姿如图 1-7 所示，操作者手臂支撑示教器，四个手指靠近使能器按钮。使能器按钮分为两挡：在手动模式下按下第一挡，机器人处于电机开启状态；按下第二挡，机器人则处于防护装置停止状态。当发生危险时，操作人员会本能地将使能器按钮松开或按紧，机器人则会立刻停下来，以保证安全。图 1-6 所示示教器正面右端为专用按钮，其放大图如图 1-8 所示，释义如表 1-2 所示。

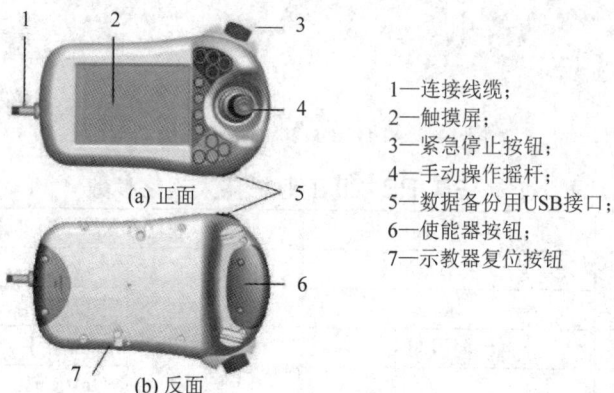

1—连接线缆；
2—触摸屏；
3—紧急停止按钮；
4—手动操作摇杆；
5—数据备份用USB接口；
6—使能器按钮；
7—示教器复位按钮

(a) 正面
(b) 反面

图 1-6　示教器示意图

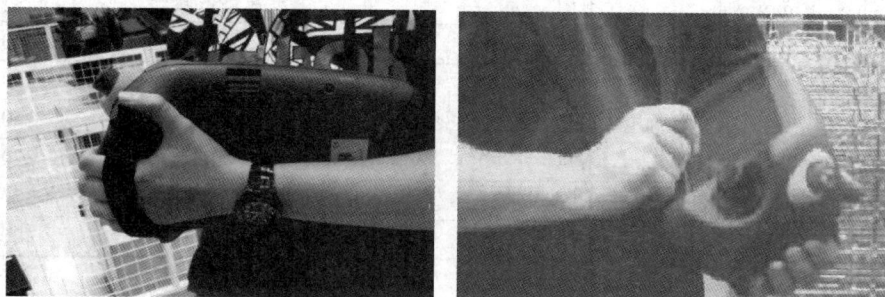

图 1-7　示教器的正确握姿

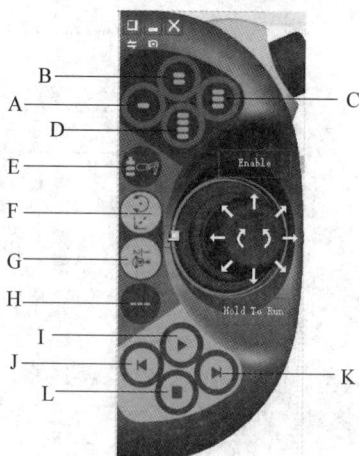

图 1-8　示教器专用按钮

表 1-2　各按钮的主要功能

标号	名称	功能
A、B、C、D	预设功能键	根据使用需求，自定义按钮功能
E	机械单元键	选择控制的机械单元、本体或者附加轴(如有)
F	运动模式键 1	切换线性运动模式或者重定位运动模式
G	运动模式键 2	切换轴 1-3 运动模式或者轴 4-6 运动模式
H	增量切换键	切换增量运动值
I	程序启动键	开始执行程序
J	单步后退键	程序后退至上一条指令
K	单步前进键	程序前进至下一条指令
L	程序停止键	停止执行程序

　　紧急停止按钮用于操作人员手动操纵机器人时危险情况下的紧急停止处理。摇杆用于手动模式下控制机器人运动，包括上、下、左、右、顺时针和逆时针六个方向的控制。USB接口用于外接 USB 设备，以实现系统备份与恢复。使能器按钮位于示教器背面，用于在手动模式下控制机器人伺服上电(motors on)。只有按下使能器按钮，机器人电机才处于通电状态，示教器状态栏会同步提示"电机开启"。

　　示教器的触摸屏是兼具输入/输出功能的重要设备，其作用类似于个人计算机系统中的键盘和显示器。操作者可以利用触摸屏直接对机器人系统输入各种参数和指令，同时机器人的运行状态和坐标位置等数据也由触摸屏来显示。

　　"ABB 示教器主界面"集成了输入输出、程序编辑器和系统信息等各种操纵与调试机器人所需的功能选项，如图 1-9 所示。"操作员窗口"主要显示来自程序的信息，当程序中使用了读/写屏幕的编程指令后，该窗口将自动弹出相应操作界面。"任务栏"以缩略图标形式存放开启过的功能选项，操作人员可以通过切换缩略图标来选择所需的功能选项。"快捷菜单栏"用于快速设置机器人坐标、速度、工具和模式等各种与机器人运动相关的数据。

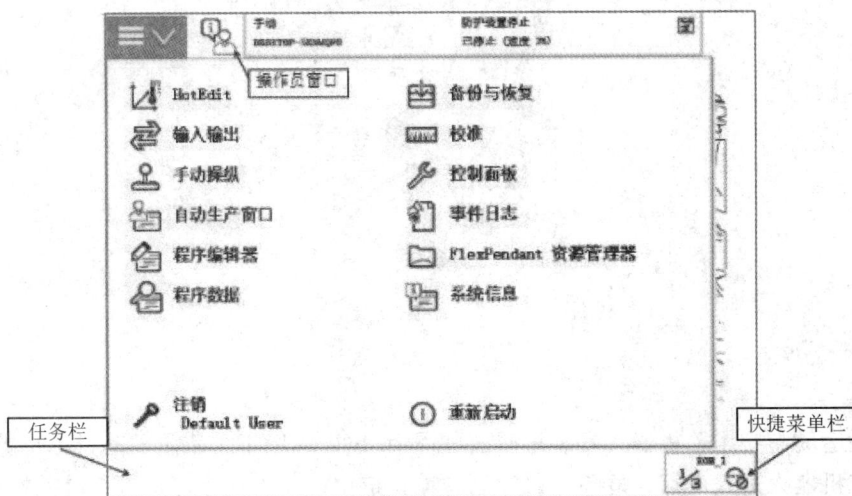

图 1-9　ABB 示教器主界面

(二) 坐标系

坐标系从一个被称为原点的固定点通过轴定义平面或空间，机器人的目标和位置可通过测量沿坐标系轴的距离来定位。机器人使用若干坐标系来定位，每一坐标系都适用于特定类型的微动控制或编程。ABB IRB120 工业机器人提供如下六种坐标系：

(1) 轴坐标系：机器人轴(关节)各自单独动作。

(2) 工具坐标系：用于定义机器人到达预设目标时所使用工具的位置。该坐标系原点一般在工具上。该坐标系原点称为"TCP"，即工具中心点。

(3) 机器人(基)坐标系：位置可自由定义且以机器人为基准的交叉坐标系。该坐标系的前后轴为 X 轴，左右轴为 Y 轴，上下轴为 Z 轴，原点一般位于机器人足部。

(4) 工件坐标系：用于定义工件相对于大地坐标系的位置，通常是最适于对机器人进行编程的坐标系。

(5) 大地坐标系：可定义机器人单元，其他所有坐标系均与大地坐标系直接或间接相关。该坐标系适用于微动控制、一般移动，以及处理具有若干机器人或外轴移动机器人的工作站和工作单元。

(6) 用户坐标系：位置可自由定义的坐标系，一般由用户自行定义，在表示持有其他坐标系的设备(如工件)时非常有用。

(三) 动作模式

1. 单轴运动

使用示教器上的摇杆分别控制机器人本体上 6 个关节轴进行的单独运动，称为单轴运动。机器人关节轴位置如图 1-10 所示。

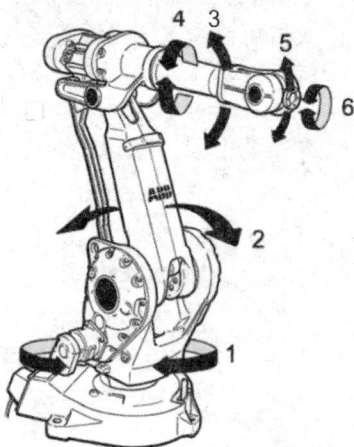

图 1-10 机器人 6 个关节轴位置

单轴运动常应用于机器人安装与调试过程中，也可应用于大范围移动目标位置的时候，特别是在机器人进入奇点、危险位置、已碰撞、定位机器人轴以便进行校准的情况下。因此，准确控制机器人各关节轴单独运动是操作者应该掌握的一项重要技能。

2. 线性运动

线性运动(见图1-11)是指机器人多个关节联动,使机器人末端执行器的工具中心点(TCP,工具坐标系原点)沿坐标轴方向直线运动。线性运动时,选定的坐标系将直接决定机器人的运动方向。

图 1-11　线性运动方向

3. 重定位运动

重定位运动是指机器人多轴联动,使机器人 TCP 在空间中绕着工具坐标系的各坐标轴旋转,此时工具中心点的空间位置并不移动。或者指机器人第六轴法兰盘的工具 TCP 点在空间中绕着工具坐标系旋转运动,也可理解为机器人绕着工具 TCP 做姿态调整运动。

重定位运动常用于机器人绕着工具坐标系原点做姿态的调整以及工具定向,如图 1-12 所示,焊接机器人通过重定位运动在多个姿态下实现了焊丝到达同一个点。

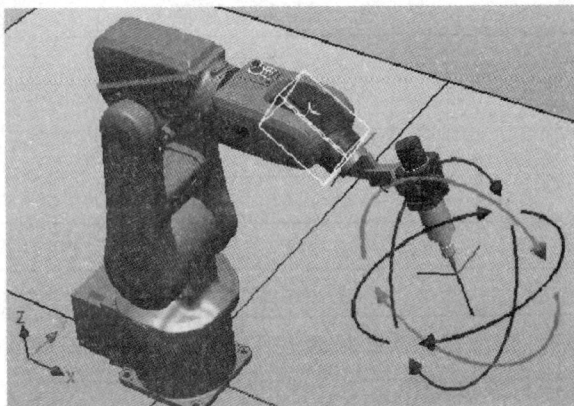

图 1-12　重定位运动示意图

(四) 增量模式与速度百分比调节选项

1. 增量模式

ABB 示教器上有一个增量切换键(增量开关),如图 1-8 中的 H 所示,可实现手动操纵机器人运动的微量控制,即可以实现机器人运行速度快慢的调节。打开增量切换键,点击"用户模块"→"显示值",弹出增量设置页面,如图 1-13 所示。增量包含无、小、中、大以及用户模块五个选项(见表 1-3),以及轴运动增量(单位为 deg)、线性运动增量(单位为 mm)和重定向增量(单位为 deg)三个参数。这表明在增量模式下,手动操纵机器人在进行线性、重定位和轴运动时,可调节机器人的单位运动量,即运行速度快慢。表 1-3 中,"无"表示机器人的速度由速度百分比控制,手动操作时速度大小由示教器摇杆幅度控制;"用户模块"表示用户可以在图 1-13 左上角"增量"对应的值中进行修改。

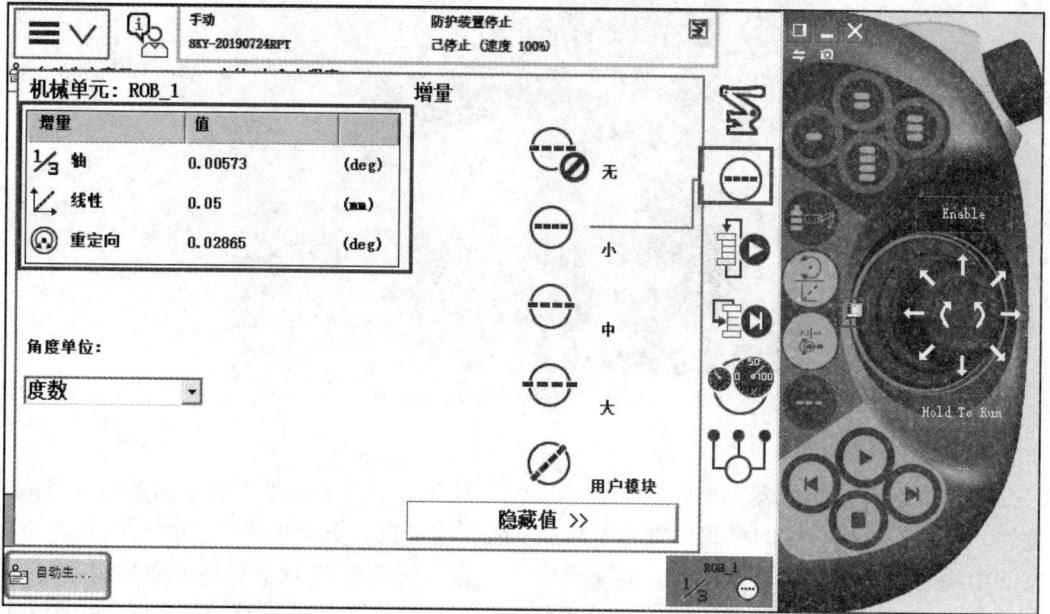

图 1-13 增量设置页面

表 1-3 增量移动距离

增量模式	移动距离/mm	角度/(°)
无	0	0
小	0.05	0.005
中	1	0.02
大	5	0.2
用户模块	自定义	自定义

在增量模式下,摇杆每位移一次,机器人移动一步。如果摇杆持续一秒或数秒,则机器人以每秒 10 步的速率持续移动。

2. 速度百分比调节选项

打开增量开关,ABB 示教器上还有一个速度百分比调节选项,如图 1-14 所示。对速度百分比调节选项的直观理解就是调节速度快慢。通常,增量模式是方便手动操纵机器人时对速度进行控制,而速度百分比调节选项是方便程序对运行速度进行控制。例如,程序中机器人运行速度为 1000 mm/s,速度百分比设置为 50 %,则机器人实际运动速度为 500 mm/s。因此,在手动操纵时,要控制机器人运行速度,可以使用增量开关;而要改变程序运行时机器人的运动速度,可以使用速度百分比调节选项。

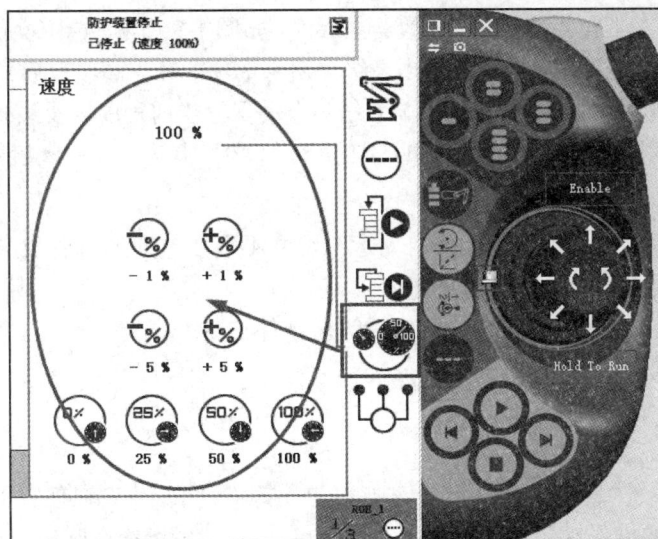

图 1-14 速度百分比设置界面

关于速度百分比调节选项，有两点需要注意：

(1) 出于安全考虑，在手动模式下，机器人线性运动速度限定在最高不超过 250 mm/s。如果程序中速度为 1000 mm/s，此时速度百分比设置为 50 %，则机器人在运行时看不出任何效果，因为机器人依旧会按照最高 250 mm/s 的速度运行。

(2) 在手动模式下更改了速度百分比，然后切换为自动模式，速度百分比会恢复为 100 %。如果要限制程序运行速度，则需要在自动模式下重新对速度百分比进行设定。

(五) 机器人开关机与重启操作

1. 开机操作

机器人系统首次开机启动检查与操作步骤如下：

(1) 检查机器人本体和末端执行器的机械安装情况；检查机器人本体、末端执行器和控制柜之间的动力电缆、信号电缆以及气路连接情况；检查示教器与控制柜之间的连接情况。

(2) 检查机器人系统安全保护机制，确保所需安全保护电路已经正确连接。

(3) 检查机器人系统上级电源安全保护电路是否已经完成施工接线，确保电压保护、过载保护、短路保护以及漏电保护等功能工作正常。由于机器人型号不同，目前有两种机器人电源电压，即交流 220 V 和交流 380 V。

(4) 按下图 1-5 所示机器人控制柜上的紧急停止按钮，将总电源旋钮开关切换到"ON"状态。

上述步骤为机器人首次开机的标准操作流程，日常开机启动直接执行第(4)步操作。需要注意的是，按下紧急停止按钮再启动机器人并不是强制性要求，但是按照"先急停、后启动"顺序启动整个机器人系统能够最大限度地保护操作人员的安全。

2. 关机操作

关闭机器人系统的标准操作步骤如下：

(1) 使用示教器上的停止按钮(STOP)或者程序中的 STOP 指令，停止所有程序运行。

(2) 在触摸屏左上角点击 ABB 示教器主界面，如图 1-9 所示，选中操作员窗口中的"重新启动"，点击"高级"选项卡，出现"高级重启"选项，在"高级重启"选项中选择"关机"，示教器上显示"与控制器连接…"，系统将自动保存当前程序以及系统参数，待系统关闭 30 s 后，将控制柜电源总开关(见图 1-5)切换到"OFF"状态，即关闭机器人系统总电源。

3. 重启操作

机器人系统可以长时间无人操作自动运行，并不需要定期重新启动，但是当出现以下四种情况时，需要重新启动机器人系统。

(1) 在机器人系统中安装了 I/O 通信板等新硬件；

(2) 更改了机器人系统配置文件；

(3) 添加了新系统并准备使用；

(4) 出现系统运行故障。

点击机器人系统"高级重启"选项卡中的"热启动"选项，或者在任意页面下点击"ABB 主界面"，在弹出的操作窗口中直接选择"重新启动"，然后继续在弹出窗口选择"热启动"即可重启机器人系统。

(六) 工业机器人使用安全注意事项

工业机器人系统复杂，操作和运动过程中危险性大，所以对机器人进行任何操作都必须注意安全。机器人使用安全主要包括操作前、操作中和操作后人员的用电安全，机械运动过程中的碰撞安全，以及设备的使用安全。

1. 操作者应遵循的事项

(1) 应穿着规定的工作服、安全鞋和安全帽等安保用品；

(2) 为确保工作场内安全，请遵守"小心火灾""高压""危险""外人勿进"等规定；

(3) 认真管理好控制柜，请勿随意按下按钮；

(4) 勿用力摇晃机器人及在机器人上悬挂重物；

(5) 在机器人周围，勿进行打闹、游戏等危险行为。

2. 机器人周边防护注意事项

(1) 未经许可的人员不得接近机器人及其周边辅助设备；

(2) 禁止强制振动机器人轴；

(3) 在操作期间，禁止非工作人员触动机器人操作按钮；

(4) 禁止倚靠在控制柜上，不要随意按动操作按钮；

(5) 机器人周边区域必须保持清洁(无油、水及其他杂质)；

(6) 如需要手动控制机器人，应确保机器人作业范围内无任何人员或障碍物；

(7) 执行程序前，应确保机器人工作区域内没有无关人员、工具、工件。

3. 机器人操作安全注意事项

(1) 严禁操作人员在自动运行模式下进入机器人动作范围内，严禁其他无关人员进入机器人作业范围内；

(2) 应尽量在机器人作业范围外进行示教工作；

(3) 在机器人作业范围内进行示教工作时，始终从机器人前方来观察，不要背对机器人进行作业；

(4) 在操作机器人前，应先按控制柜前门及示教器右上方紧急停止按钮，以检查伺服准备指示灯是否熄灭，并确认其所有驱动器不在伺服投入状态；

(5) 运行机器人程序时，应按照由单步到连续的模式，由低速到高速的顺序进行；

(6) 在操作机器人时，示教器模式开关应选择手动模式进行动作，不允许在自动模式下操作机器人；

(7) 机器人运行过程中，严禁操作者离开现场，以确保发生意外情况时能及时进行处理；

(8) 机器人工作时，操作人员要注意查看机器人电缆状况，防止其缠绕在机器人上；

(9) 示教器和示教器电缆不能放置在变位机上，应随手携带或挂在操作位置；

(10) 当机器人停止工作时，不要认为其已经完成工作了，因为机器人停止工作很有可能是在等待让它继续移动的输入信号；

(11) 离开机器人前应关闭伺服系统，并按下紧急停止开关，并将示教器放置在安全位置；

(12) 工作结束时，应使机器人在工作原点位置或安全位置；

(13) 严禁在控制柜内随便放置配件、工具、杂物等；

(14) 在校验机器人机械零点时，必须拔出零件杆后方可操作机器人；

(15) 运行机器人程序时应密切观察机器人动作，左手应放在紧急停止按钮上，右手应放在停止按钮上，当出现机器人运行路径与程序不符合或出现紧急情况时应立即按下左手的紧急停止按钮；

(16) 严格遵守并执行机器人日常检查与维护；

(17) 若发生火灾，请使用二氧化碳灭火器；

(18) 机器人停机时，夹具上不应置物，必须空机；

(19) 机器人在发生意外或运行不正常等情况下，均可使用 E-Stop 键，使机器人停止运行；

(20) 因为机器人在自动状态下，即使运行速度较低，其动量仍很大，所以在进行编程、测试及维修等工作时，必须将机器人置于手动模式；

(21) 气路系统中压力可达 0.6 MPa，任何相关检修都必须切断气源；

(22) 在手动模式下调试机器人，如果不需要移动机器人，则必须及时释放使能器；

(23) 调试人员进入机器人工作区域时，必须随身携带示教器，以防止他人误操作；

(24) 在得到停电通知时，要预先关断机器人主电源及气源；

(25) 突然停电后，要赶在来电之前预先关闭机器人电源总开关，并及时取下夹具上的工件；

(26) 维修人员必须保管好机器人钥匙，严禁非授权人员在手动模式下进入机器人软件系统，随意翻阅或修改程序及参数。

四、实践操作

(一) 手动操作 ABB 工业机器人进行单轴运动

1. 操作前准备

在图 1-5 中，将电源总开关旋转至"ON"状态，系统自诊断完成后，示教器会自动出现初始页面。点击"上电按钮"使白色指示灯亮，旋转"模式切换旋钮"至"手动模式"。速度百分比设置参照图 1-14，对初学者而言，速度百分比设置不超过 10%，触摸屏上方状态栏会显示速度百分比数值。

2. 机器人在轴坐标系下运动

参考图 1-7 握住示教器，点击触摸屏左上角的开始下拉菜单→"手动操纵"菜单项，再点击"动作模式"右侧，在弹出的页面中选择"轴 1-3"，如图 1-15 所示。点击"确定"按钮，返回"手动操纵"页面，如图 1-16 所示。此时，"动作模式"右侧显示"轴 1-3"，触摸屏右下角快捷菜单也有提示，图 1-16 中其他参数采用默认值。轻按示教器端面使能器按钮向机器人伺服电机供电，触摸屏上方状态栏显示"电机开启"。左右、前后和旋转摇杆，操作机器人 1～3 轴进行正反运动，观察轴坐标系下工业机器人 1～3 轴的正反运动。同样地，在图 1-15 中选择"轴 4-6"，按同样方法操作机器人 4～6 轴进行正反运动情况，观察轴坐标系下工业机器人 4～6 轴的正反运动情况。参考表 1-4，进一步理解轴坐标系方向以及右手定则的使用。

注意：摇杆操纵幅度与机器人运动速度相关。操纵幅度越小，则机器人运动速度越慢；相反，机器人运动速度越快。初学者应尽量小幅度操纵，使机器人慢慢运动。如果对使用摇杆来控制机器人运动不熟练，可以使用增量模式控制机器人运动。

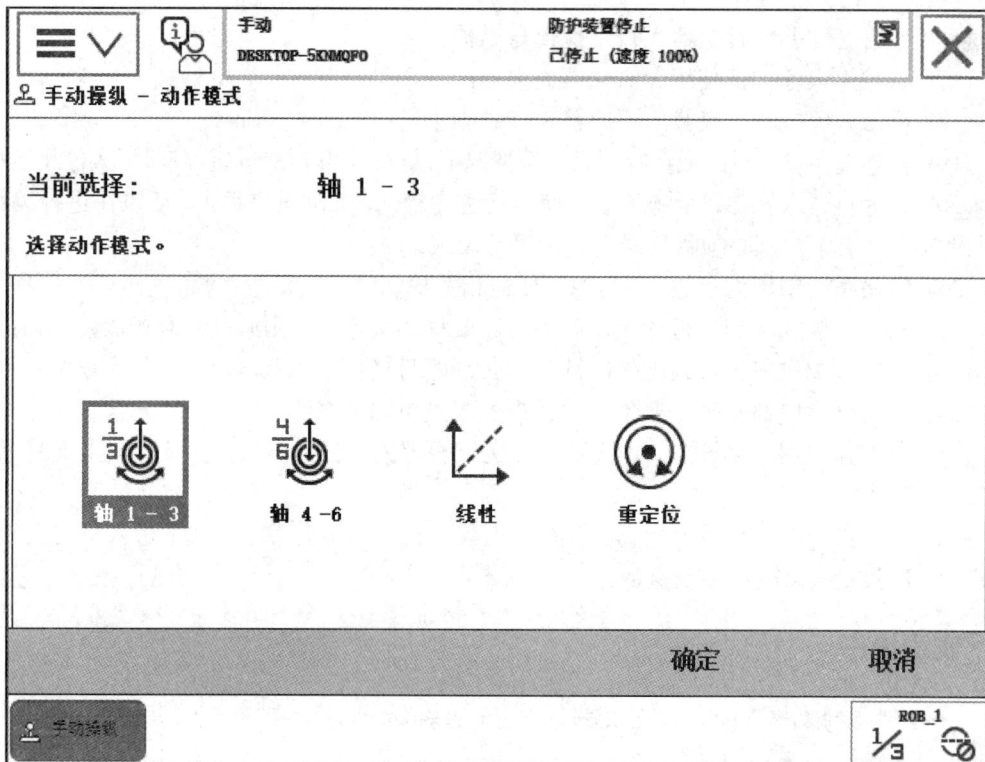

图 1-15　"轴 1-3"动作模式选择

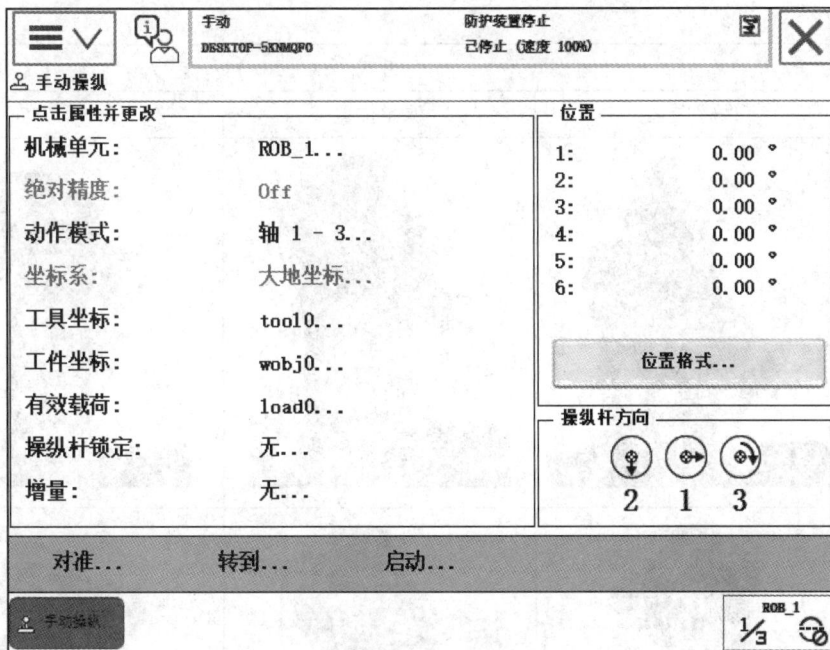

图 1-16 "手动操纵"页面

表 1-4 轴坐标系下机器人运动

轴	方式		
	"+"方向	原始位置	"—"方向
1			
2			

轴	方式		
	"+" 方向	原始位置	"—" 方向
3			
4			
5			
6			

（二）手动操作 ABB 工业机器人进行线性运动

1. 基坐标系下机器人线性运动

当需要将可预测的运动转化为摇杆运动时，可以在基坐标系中进行线性运动控制。在许多情况下，基坐标系是使用最为方便的一种坐标系，因为它对工具、工件或其他机械单元没有依赖性。

（1）参考图 1-7 握住示教器，在图 1-15 中选择"线性"，点击"确定"按钮，返回"手动操纵"页面。

（2）点击图 1-16 中"坐标系"的右侧，在如图 1-17 所示的弹出页面中选择"基坐标"，点击"确定"按钮，返回"手动操纵"页面，此时"坐标系"右侧显示"基坐标..."，如图 1-18 所示。图中工具坐标、工件坐标、有效载荷和增量均采用机器人默认值。

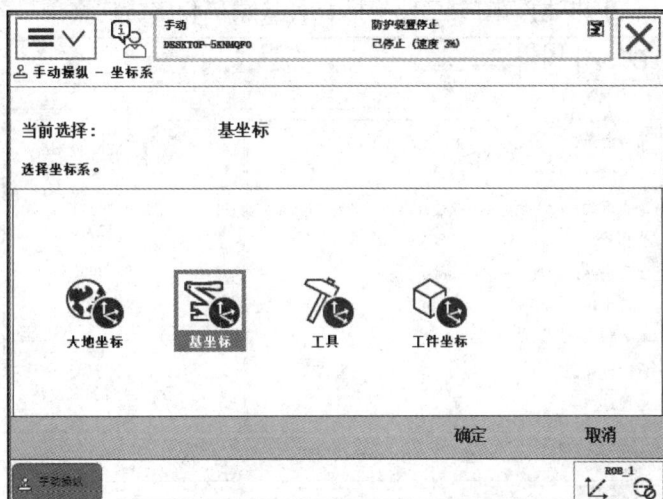

图 1-17 坐标系选择

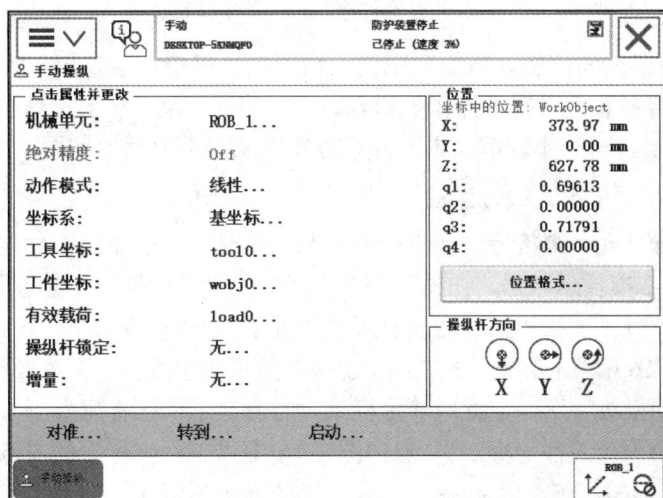

图 1-18 线性动作模式和基坐标系选择

（3）轻按示教器端面使能器按钮向机器人伺服电机供电，触摸屏上方状态栏显示"电机开启"，左右、前后和旋转摇杆操作机器人六个轴协同运动，观察基坐标系下工业机器人 TCP 的运动情况，进一步理解基坐标系方向以及右手定则的使用。

2. 工具坐标系下机器人线性运动

在对钻、铣、锯等动作进行编程和调整时，一般使用工具坐标系。

(1) 参考图 1-7 握住示教器，在图 1-15 中选择"线性"，点击"确定"按钮，返回"手动操纵"页面。

(2) 点击图 1-16 中"坐标系"的右侧，在弹出的页面中选择"工具坐标"，点击"确定"按钮，返回"手动操纵"页面，此时"坐标系"右侧显示"工具…"，即图 1-18 中"基坐标…"会改为"工具…"。点击图 1-16 中"工具坐标"的右侧，在弹出的页面中选择"tool0"，点击"确定"按钮，返回"手动操纵"页面，此时"工具坐标"右侧显示"tool0…"。两次操作结果如图 1-19 所示，"tool0"为机器人默认值。用户也可以自己定义工具坐标(工具坐标定义将在项目二中讲述)。图中工件坐标、有效载荷和增量均采用机器人默认值。

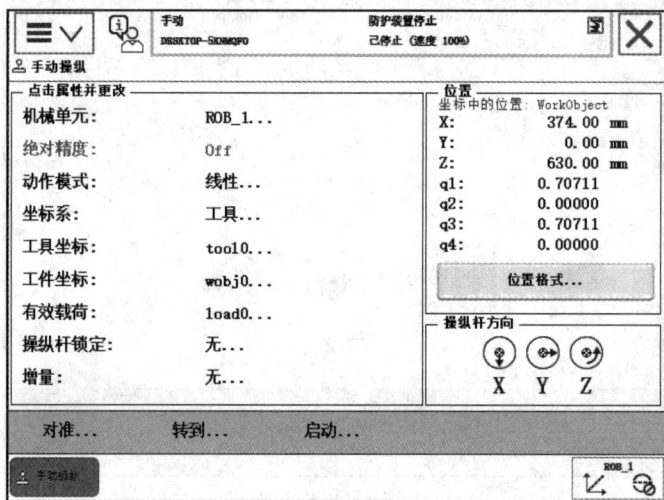

图 1-19　线性动作模式和工具坐标系选择

(3) 轻按示教器端面使能器按钮向机器人伺服电机供电，触摸屏上方状态栏显示"电机开启"，左右、前后和旋转摇杆操作机器人六个轴协同运动，观察工具坐标系下工业机器人 TCP 的运动情况，进一步理解工具坐标系方向以及右手定则的使用。

3. 工件坐标系下机器人线性运动

在对工件边缘打孔、焊接等动作进行编程和调整时，一般使用工件坐标系。

(1) 参考图 1-7 握住示教器，在图 1-15 中选择"线性"，点击"确定"按钮，返回"手动操纵"页面，此时"动作模式"右侧显示"线性…"，触摸屏右下角快捷菜单也有提示。

(2) 点击图 1-16 中"坐标系"的右侧，在弹出的页面中选择"工件坐标"，点击"确定"按钮，返回"手动操纵"页面，此时"坐标系"右侧显示"工件坐标…"，即图 1-18 中的"基坐标…"会改为"工件坐标…"。点击图 1-16 中"工件坐标"的右侧，在弹出的页面中选择"wobj0"，点击"确定"按钮，返回"手动操纵"页面，此时"工件坐标"右侧显示"wobj0…"。两次操作结果如图 1-20 所示，"wobj0"为机器人默认值。用户也可以自己定义工件坐标(工件坐标定义将在项目二中讲述)。图中工具坐标、有效载荷和增量均采用机器人默认值。

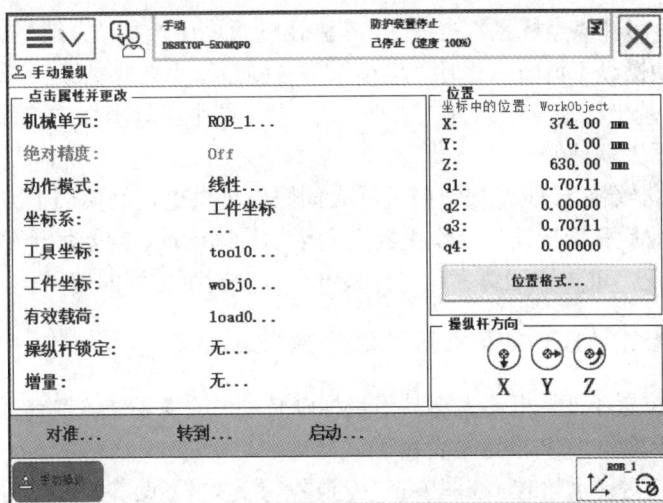

图 1-20　线性动作模式和工件坐标系选择

(3) 轻按示教器端面使能器按钮向机器人伺服电机供电，触摸屏上方状态栏显示"电机开启"，左右、前后和旋转摇杆操作机器人六个轴协同运动，观察工件坐标系下工业机器人 TCP 的运动情况，进一步理解工件坐标系方向以及右手定则的使用。

4. 大地坐标系下机器人线性运动

大地坐标系下机器人线性运动通常用于多个机器人协同操作与编程中。如有的机器人倒置，则机器人基坐标系也将颠倒，在倒置机器人的基坐标系中进行直线运动，很难预测机器人的移动情况，此时需选择共享大地坐标系。

在默认情况下，大地坐标系与基坐标系一致。图 1-21 中 A 为机器人 1 基坐标系，B 为大地坐标系，C 为机器人 2 基坐标系。

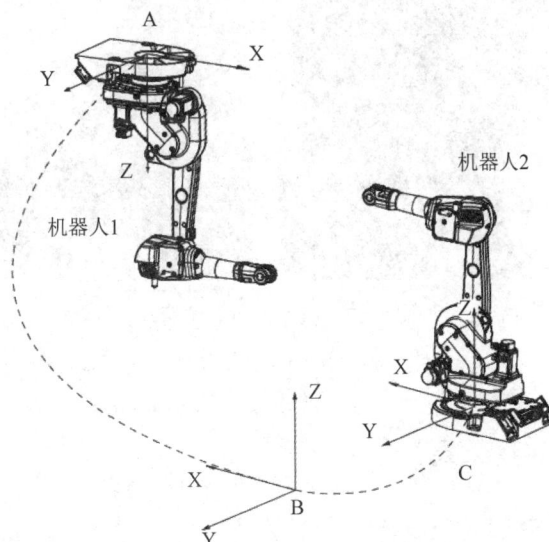

图 1-21　大地坐标系与基坐标系

(1) 参考图 1-7 握住示教器，在图 1-15 中选择"线性"，点击"确定"按钮，返回"手动操纵"页面。

(2) 点击图 1-16 中"坐标系"的右侧，在弹出的页面中选择"大地坐标"，点击"确定"按钮，返回"手动操纵"页面，此时"坐标系"右侧显示"大地坐标…"，如图 1-16 所示，即图 1-18 中的"基坐标…"会改为"大地坐标…"。图中工具坐标、工件坐标、有效载荷和增量均采用机器人默认值。

(3) 轻按示教器端面使能器按钮向机器人伺服电机供电，触摸屏上方状态栏显示"电机开启"，左右、前后和旋转摇杆操作机器人六个轴协同运动，观察大地坐标系下工业机器人 TCP 的运动情况，进一步理解大地坐标系方向以及右手定则的使用。

(三) 手动操作 ABB 工业机器人进行重定位运动

机器人 TCP 位置不变，机器人工具沿坐标轴转动，改变姿态。重定位运动常用于焊接应用，也可以用于检验 TCP 设定是否精确。

(1) 参考图 1-7 握住示教器，在图 1-15 中选择"重定位"，点击"确定"按钮，返回"手动操纵"页面，此时"动作模式"右侧显示"重定位运动"，触摸屏右下角快捷菜单栏也有提示。

(2) 点击图 1-16 中"工具坐标"的右侧，在弹出的页面中选择"tool0"，点击"确定"按钮，返回"手动操纵"页面，此时"工具坐标"右侧显示"tool0…"，"tool0"为机器人默认值。用户也可以自己定义工具坐标。工件坐标、有效载荷和增量均采用机器人默认值。

(3) 轻按示教器端面使能器按钮向机器人伺服电机供电，触摸屏上方状态栏显示"电机开启"，左右、前后和旋转摇杆操作机器人六个轴协同运动，观察工业机器人绕 TCP 的运动姿态，如图 1-22 所示。

注意：机器人进行重定位运动前，先在线性模式下将工具 TCP 移动至工作台上某个尖点，如图 1-22 所示，并尽量靠近尖点。

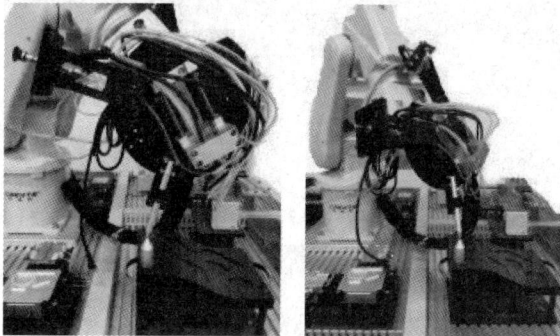

图 1-22　机器人重定位运动

五、问题探究

(一) 手动操作快捷方式

1. 手动操作快捷按钮

手动操作快捷按钮如图 1-8 中的 E、F、G、H 所示，它们分别表示机器人与外轴切换、线性运动与重定位运动切换、关节运动轴 1～3 与轴 4～6 切换、增量开关。

2. 手动操作快捷菜单

手动操作快捷菜单按钮(触摸屏右下角)如图 1-23 所示。点击此按钮，继续选择"手动操作"→"显示详情"，打开手动快捷操作页面，如图 1-24 所示。图中，A 为当前使用的工具数据；B 为当前使用的工件坐标；C 为摇杆速率；D 为增量开关；E 为坐标系选择；F 为动作模式选择。点击图 1-14 右侧的增量模式和速度百分比调节选项，分别打开相应的快捷菜单，如图 1-13 和图 1-14 所示。

图 1-23　快捷菜单按钮

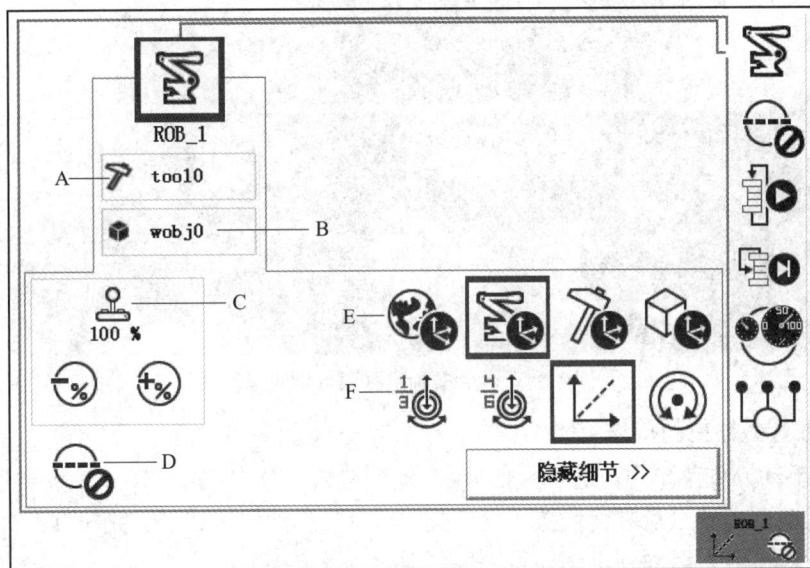

图 1-24　手动快捷操作页面

(二) 转数计数器更新操作

1. 转数计数器更新操作情形

ABB 机器人六个关节轴都有一个机械原点位置。下列情形需要对机械原点位置进行转数计数器更新操作：

(1) 更换伺服电机转数计数器电池后；

(2) 当转数计数器发生故障，将其修复后；

(3) 转数计数器与测量板之间断开过以后；

(4) 断电后，机器人关节轴发生了移动；

(5) 当系统报警信息提示"10036 转数计数器未更新"时。

机器人六个关节轴都有机械原点刻度，手动操作让机器人各关节轴运动到机械原点刻度位置的顺序是：4→5→6→1→2→3。

注意：各个型号机器人的机械原点刻度位置会有所不同，ABB 工业机器人各关节轴机械原点刻度位置示例如图 1-25 所示。

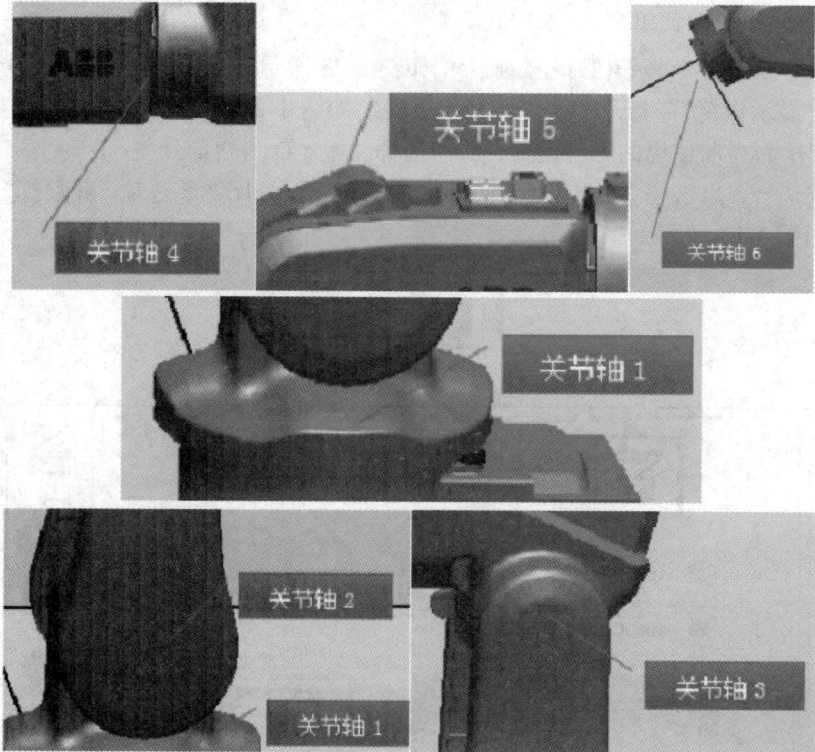

图 1-25　各关节轴机械原点位置示例

2. 转数计数器更新操作步骤

(1) 在手动操作菜单中，选择"轴 4-6"动作模式，分别按 4、5、6 轴关节顺序手动操作机器人运动到机械原点刻度位置；再选择"轴 1-3"动作模式，分别按 1、2、3 轴关节顺序手动操作机器人运动到机械原点刻度位置。

(2) 点击触摸屏左上角的开始下拉菜单→"校准"菜单项(见图 1-9)，弹出如图 1-26 所示的页面。

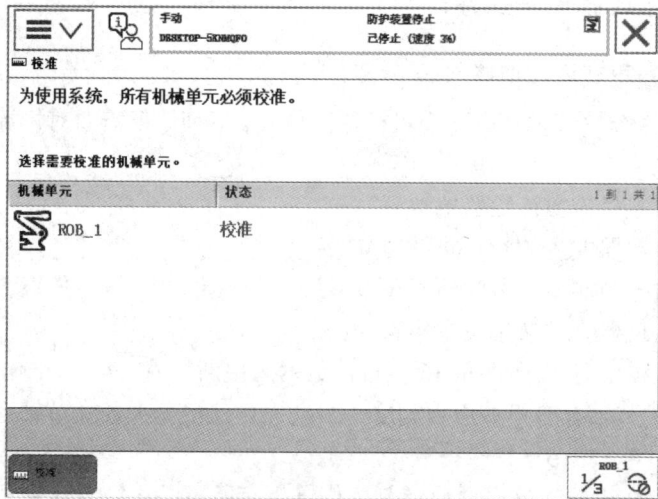

图 1-26　"校准"页面

(3) 在图 1-26 中，选择"机械单元"，点击"ROB 1"→"手动方法(高级)"，弹出如图 1-27 所示的页面。

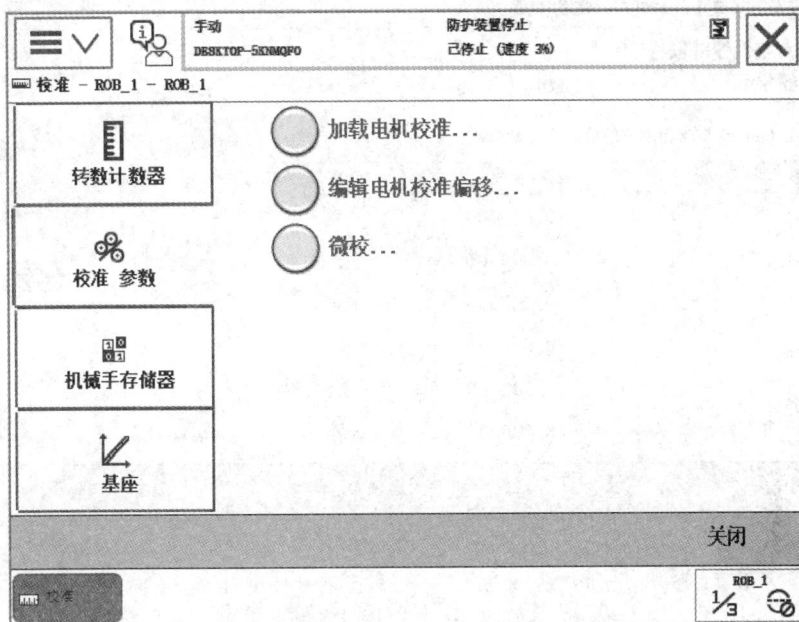

图 1-27   "校准-ROB_1-ROB_1"页面

(4) 在图 1-27 中，选择"校准 参数"→"编辑电机校准偏移…"，将机器人本体上的电机校准偏移记录下来(位于机器人机身)。此时，会弹出警告对话框，如图 1-28 所示，点击"是"按钮，将弹出如图 1-29 所示的页面。

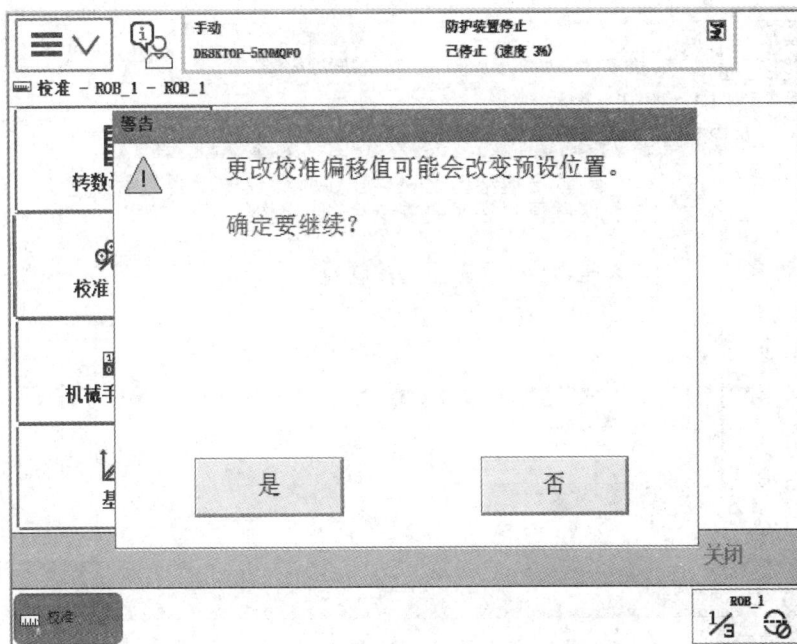

图 1-28   更改校准偏移值警告对话框

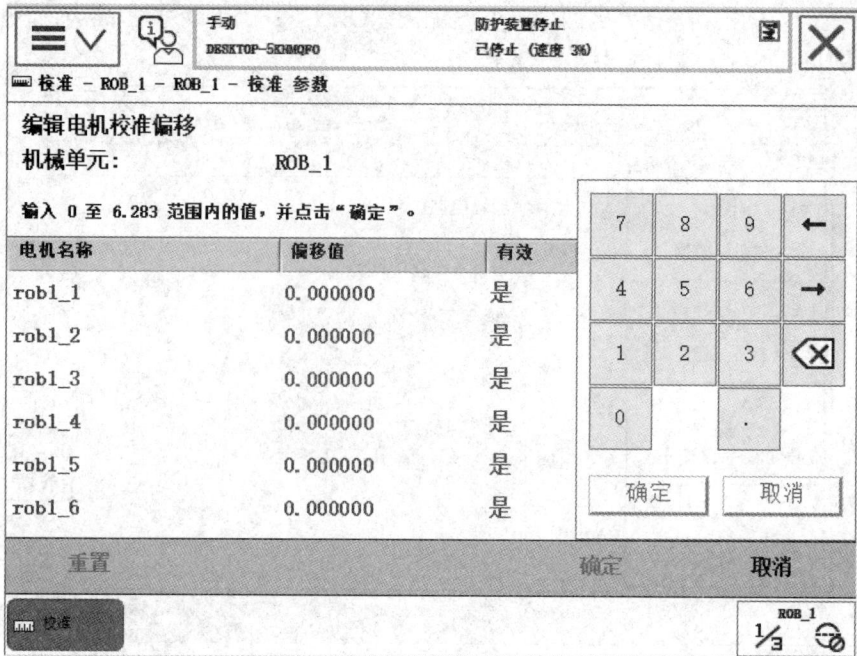

图 1-29　"校准-ROB_1-ROB_1-校准 参数"页面

(5) 在图 1-29 中，输入机器人本体记录的电机校准偏移数据，然后点击"确定"按钮。如果示教器中显示的数据与机器人本体上的标签数据一致，则无需修改，直接点击"取消"按钮退出；否则需要修改，修改完毕，会弹出如图 1-30 所示的重新启动控制器提示对话框，点击"是"按钮，重新启动控制器。

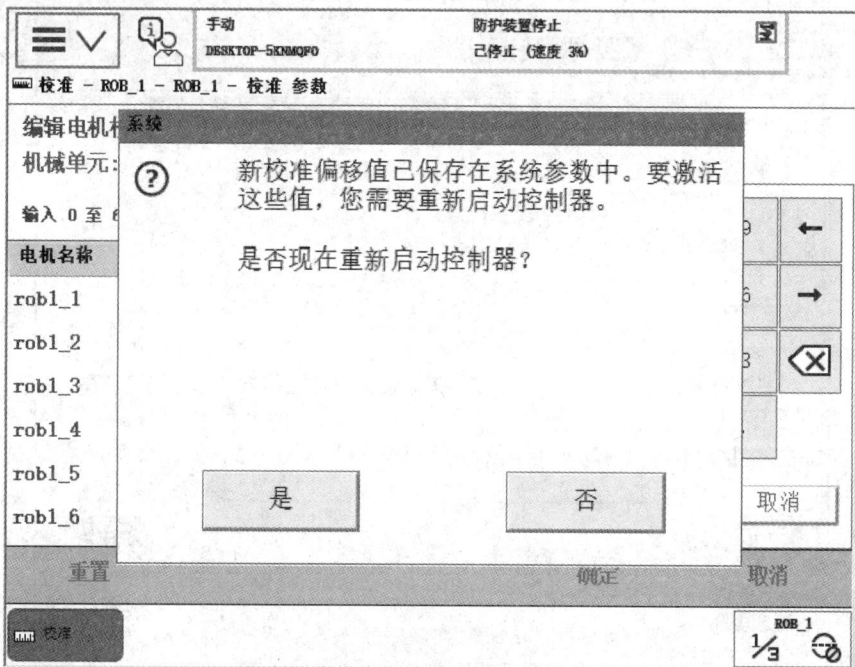

图 1-30　重新启动控制器提示对话框

(6) 重新进入图 1-27，选择"转数计数器"→"更新转数计数器"，弹出如图 1-31 所示的对话框。

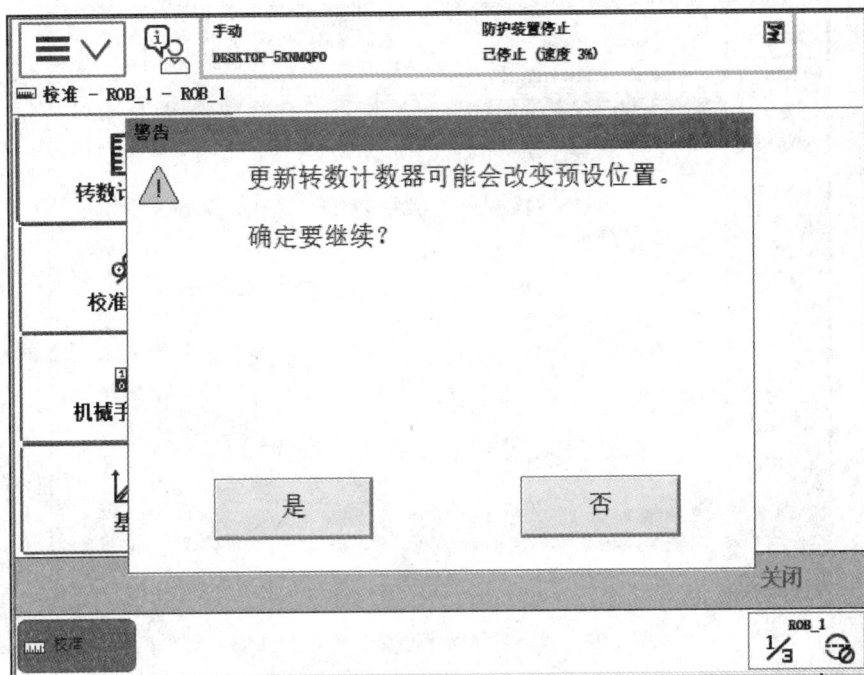

图 1-31 转数计数器更新警告对话框

(7) 在图 1-31 中依次点击"是"→"确定"按钮，弹出如图 1-32 所示的页面。

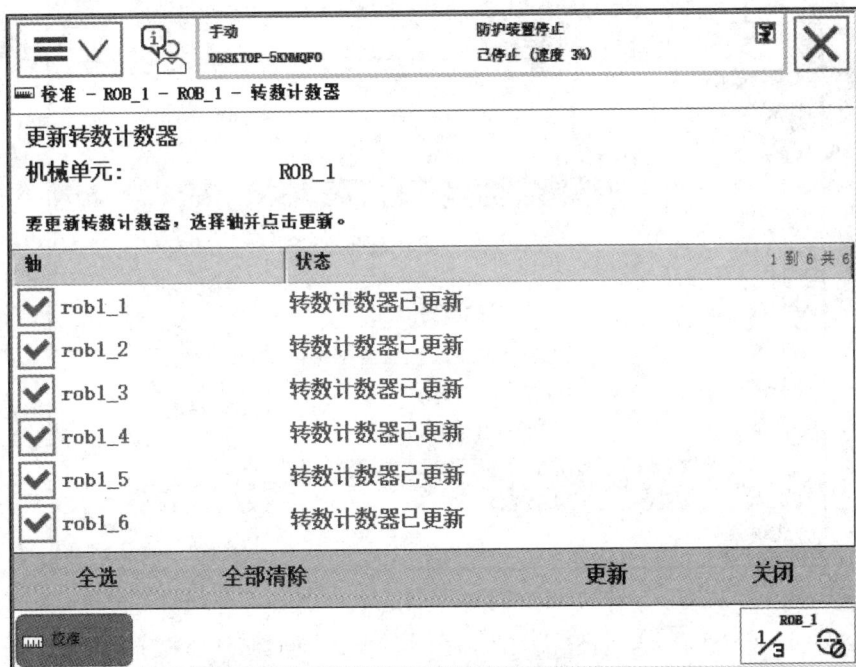

图 1-32 "校准-ROB_1-ROB_1-转数计数器"页面

(8) 在图 1-32 中，点击"全选"按钮，然后点击"更新"按钮，弹出如图 1-33 所示的"转数计数器更新"提示对话框。

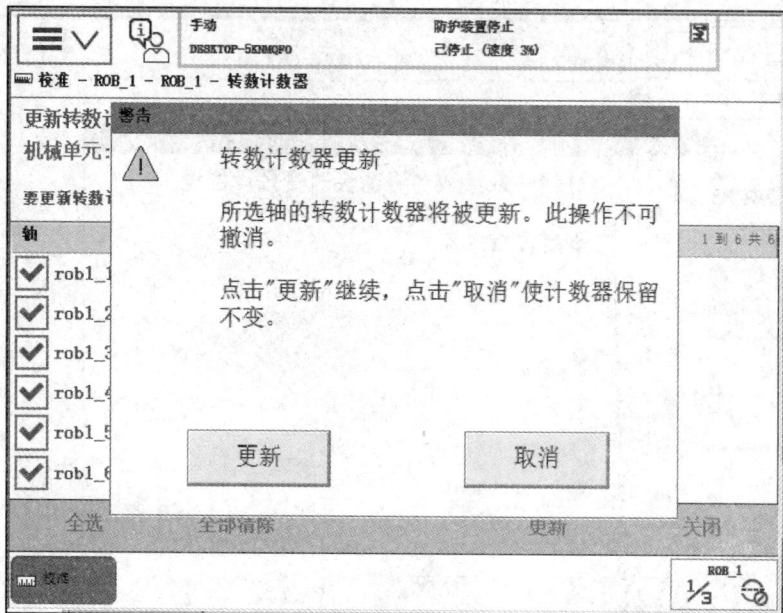

图 1-33　"转数计数器更新"提示对话框

(9) 在图 1-33 中，点击"更新"按钮，即开始转数计数器更新操作，并弹出如图 1-34 所示的进度窗口。操作完成后，转数计数器更新完成，重启控制器。

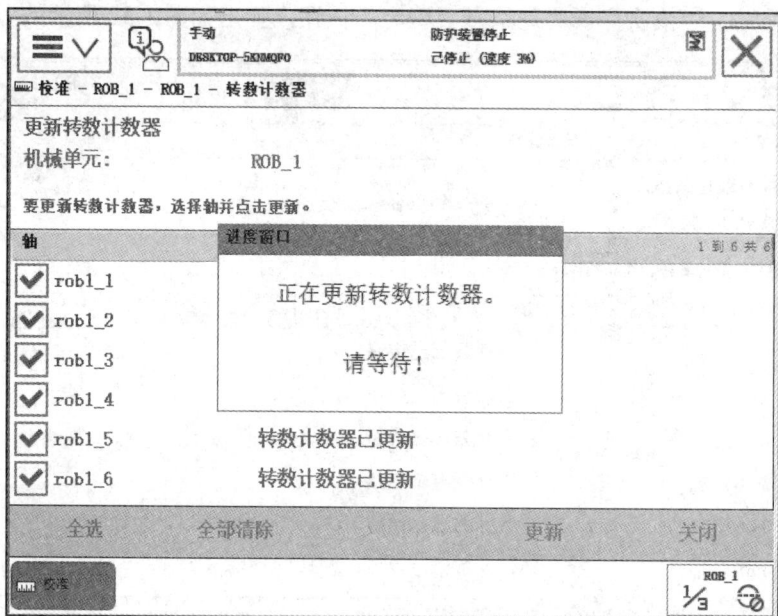

图 1-34　转数计数器更新进度窗口

注意：如果由于机器人安装位置关系，六个轴无法同时到达机械原点刻度位置，可以逐一更新关节轴转数计数器。

六、知识拓展

(一) 工业机器人的定义、发展历史和分类

1. 工业机器人的定义

机器人英文名称是"Robot"，最早的含义是像奴隶那样进行劳动的机器。由于受到影视宣传和科幻小说的影响，人们往往把机器人想象成外貌与人相似的机器或电子装置，但现实并非如此。工业机器人作为机器人中一个特别重要的分支，与人类的外貌毫无相似之处，在工业应用领域中通常被称为"机械手"。

1) 不同角度的定义

随着时代发展，世界各国科学家从不同角度给出了工业机器人的定义：

(1) 美国机器工业协会(RIA)对工业机器人的定义是：工业机器人是一种用于移动各种材料、零件、工具或专用装置的，通过可编程序动作执行各种任务，并具有编程能力的多功能机械手。

(2) 国际标准化组织(ISO)对工业机器人的定义是：工业机器人是一种能自动控制、可重复编程、多功能、多自由度的操作机，能搬运材料、工件或操持工具完成各种作业。其中，ISO 8373 给出了更具体的解释：工业机器人有自动控制、再编程和多用途功能，机器人操作机有三个或三个以上可编程轴，在工业机器人自动化应用中机器人底座可固定也可移动。

(3) 日本工业机器人协会(JIRA)对工业机器人的定义是：工业机器人是一种带有存储器和末端操作器的通用机械，能够通过自动化动作替代人类劳动。

(4) 我国对工业机器人的定义是：工业机器人是一种具备一些与人或者生物相似的智能能力和高度灵活性的自动化机器。

基于上述对工业机器人的描述，工业机器人可以定义为：工业机器人即面向工业领域的机器人，是一种能在人的控制下智能工作，并能完美替代人力在生产线上工作的多关节机械手或多自由度机器装置。更通俗地讲，工业机器人是一种模仿人类手臂、手腕和手动作的机械电子装置，在人的控制下可把任一物件或工具按空间位置姿态的要求进行移动，从而完成某一工业作业生产。

2) 工业机器人的特点

从工业机器人定义中不难发现，工业机器人有如下四个显著特点：

(1) 仿人功能。工业机器人通过各种传感器感知工作环境，达到自适应能力，在功能上模仿人的手臂、手腕、手抓等部位，达到工业自动化的目的。

(2) 可编程。工业机器人作为柔性制造系统的重要组成部分，可编程能力是其适应工作环境改变能力的一种体现。

(3) 通用性。工业机器人一般分为通用与专用两类，通用工业机器人只要更换不同的末端执行器就能完成不同的工业生产任务。

(4) 环境交互性。智能工业机器人在无人为干预条件下，对工作环境有自适应控制和自我规划能力。

2. 工业机器人的发展历史

自 20 世纪 50 年代末工业机器人诞生以来，业界对工业机器人的研究、开发及应用已走过了 60 多年的历程，其间经历了起步期、快速发展期和智能化期。1954 年美国人戴沃尔制造出了世界上第一台可编程机械手，并注册了专利，首次提出了工业机器人"示教再现机器人"的概念——借助伺服技术控制机器人关节，利用人手对机器人进行动作示教，机器人实现动作的记录和再现。在此基础上，1956 年戴沃尔与被誉为"工业机器人之父"的美国发明家英格伯格创建了世界上第一个机器人公司——Unimation(Univeral Automation)，并于1959 年联手设计第一台工业机器人——Unimate(尤尼梅特)机器人(见图 1-35)。英格伯格负责设计机器人的"手""脚""身体"，即机器人的机械部分和操作部分；戴沃尔负责设计机器人的"头脑""神经系统""肌肉系统"，即机器人的控制装置和驱动装置。Unimate 是一台用于压铸的五轴液压驱动机器人，手臂的控制由一台计算机完成。Unimate 机器人采用了分离式固体数控元件，并装有存储信息的磁鼓，能够记忆 180 个工作步骤。1961 年，Unimation 公司生产的世界上第一台工业机器人在美国特伦顿(新泽西州首府)通用汽车公司安装运行。与此同时，美国另一家机器人制造公司——AMF 公司于 1962 年制造了世界上第一台圆柱坐标型工业机器人 Versatran(沃尔萨特兰)，它主要用于机器之间的物料运送。1967 年，Unimate 机器人安装运行于瑞典工厂，这是在欧洲安装运行的第一台工业机器人。1969 年，通用汽车公司在其洛兹敦装配厂安装了首台点焊机器人，大大提高了生产效率。同年，挪威 Trallfa 公司提供了第一个商业化应用的喷漆机器人；日本川崎重工公司成功开发了日本第一台工业机器人——Kawasaki-Unimate 2000。

图 1-35　Unimate 机器人

20 世纪 60 年代，工业机器人利用传感器反馈大大增强机器人柔性的趋势就已经很明显了，60 年代末传感器技术得到了飞速发展，这使工业机器人迎来了进一步发展的契机。1973 年，博尔斯和保罗在斯坦福使用视觉和力反馈，表演了与 PDP-10 计算机相连且由计算机控制的"斯坦福"机械手，并用于自动水泵装配；德国库卡公司(KUKA)将其使用的 Unimate 机器人研发改造成世界第一台机电驱动的六轴产业机器人 Famulus。日本日立公司(Hitachi)开发出为混凝土工桩行业使用的自动螺栓连接机器人，这是第一台安装有动态视觉传感器的工业机器人，它在移动的同时能够识别浇铸模具上螺栓的位置，并且与浇铸模具的移动同步，完成螺栓拧紧和拧松工作。1974 年，美国辛辛那提米拉克龙(Cincinnati Milacron)公司的理查德·霍恩(Richard Hohn)开发出第一台由小型计算机控制的工业机器人，命名为 T3，从此第一台小型计算机控制的工业机器人走向市场。日本川崎重工公司将用于制造川崎摩托车框架的 Unimate 点焊机器人改造成弧焊机器人，同年还开发了世界上首款带精密插入控制功能的机器人，命名为"Hi-T-Hand"，该机器人具备触摸和力学感应功能，手腕灵活并带有力反馈控制系统，可以插入一个约 10 微米间隙的机械零件。瑞典通用电机公司(ASEA，ABB 公司前身)开发出世界上第一台全电力驱动、由微处理器控制的工业机器人 IRB 6，其主要应用于工件取放和物料搬运。1975 年，意大利 Olivetti 公司开发出直角坐标机器人"西格玛(SIGMA)"，它是一个应用于组装领域的工业机器人。同年，日本日立公司开发了第一个基于传感器的弧焊机器人，命名为"Mr. AROS"。与此同时，IBM 公司的威尔和格罗斯曼研制了一个带有触觉和力觉传感器的计算机控制的机械手，它可以完成 20 个零件的打字机机械装配工作。1978 年，日本山梨大学牧野洋发明了选择顺应性装配机器手臂(Selective Compliance Assembly Robot Arm，SCARA)，世界第一台 SCARA 工业机器人诞生。德国徕斯(Reis)机器人公司开发了世界首款拥有独立控制系统的六轴机器人 RE15。同年，美国 Unimation 公司推出通用工业机器人(Programmable Universal Machine for Assembly，PUMA)，应用于通用汽车装配线，这标志着工业机器人技术已经完全成熟。1979 年，日本不二越株式会社(Nachi)研制出第一台电机驱动的机器人，这台电机驱动的点焊机器人开创了电力驱动机器人的新纪元，从此告别液压驱动机器人时代。1981 年，美国卡内基-梅隆大学的 Takeo Kanade 设计开发了世界上第一个直接驱动的机器人手臂。同年，美国 PaR Systems 公司推出第一台龙门式工业机器人。1984 年，美国 Adept Technology 公司开发了第一台直接驱动的选择顺应性装配机器手臂 AdeptOne，显著提高了机器人合成速度及定位精度。同年，瑞典 ABB 公司生产出当时速度最快的装配机器人 IRB 1000。1985 年，德国库卡公司(KUKA)开发出一款新的 Z 形机器人手臂，该 Z 形机器人手臂可实现 3 个平移运动和 3 个旋转运动，6 个自由度的运动维度大大节省了制造工厂的场地空间。

进入 20 世纪 90 年代以后，工业机器人应用领域越来越广泛，其智能性也得到发展。1992 年，瑞典 ABB 公司推出一个开放式控制系统(S4)，S4 改善了人机界面并提升了机器人的技术性能。同年，世界第一台 DELTA 机器人投入使用。1996 年，德国库卡公司(KUKA)开发出世界第一台基于个人计算机的机器人控制系统。1998 年，瑞典 ABB 公司开发出世界上速度最快的采摘机器人——灵手(FlexPicke)机器人。同年，瑞士 Güdel 公司开发出"roboLoop"系统，这是当时世界上唯一的弧形轨道龙门吊和传输系统。1999 年，德国徕斯(Reis)机器人公司在机器人手臂内引入集成激光束指导系统，从而使机器人能够使用激光在高动态工况下没有碰撞地完成操作。2002 年，徕斯(Reis)机器人使工人和机器人之间实现了直接互动。2003 年，德国库卡公司(KUKA)开发出第一台娱乐机器人 Robocoaster。2004 年，日本安川(Motoman)机器人公司开发了改进型机器人控制系统(NX100)，它能够同步控制 4 台机器人，可达 38 个轴。2006 年，意大利柯马公司(Comau)推出了第一款无线示教器(Wireless Teach Pendant，WiTP)。2007 年，日本安川(Motoman)机器人公司推出当时世界上速度最快的弧焊机器人(见图 1-36)。同年，德国库卡公司(KUKA)推出了当时世界上大载荷重型机器人。2008 年，日本发那科(FANUC)公司推出了当时世界上大载荷重型机器人 M-2000iA。2009 年，瑞典 ABB 公司推出了当时世界上最小的多用途工业机器人 IRB120。2010 年，德国库卡公司(KUKA)推出了一系列新的货架式机器人(Quantec)。同年，日本发那科(FANUC)公司推出了学习控制机器人(Learning Control Robot)R-2000iB。2011 年，第一台仿人型机器人进入太空。之后，工业机器人向智能化发展方向快速迈进。

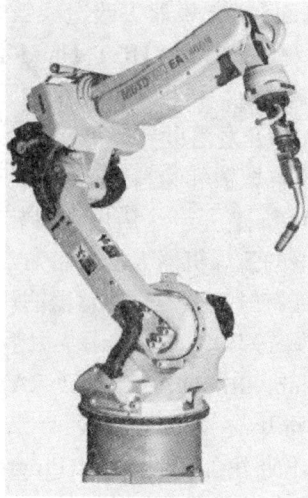

图 1-36　弧焊机器人

尽管工业机器人发展历史并不长，但随着工业机器人发展的深度和广度以及机器人智能水平的提高，工业机器人已在众多领域得到了应用。据行业估计，到 2017 年底，全世界服役的工业机器人总数达到 200 万台。工业机器人领域正在向智能化、模块化和系统化的方向发展，具有广阔的市场前景。

3. 工业机器人的分类

关于工业机器人分类，国际上没有制定统一标准，有的按负载重量分，有的按控制方式分，有的按结构分，有的按应用领域分。本书按机器人技术等级、结构坐标系特点、用途及负荷工作范围等进行分类。

1) 按机器人技术等级进行分类

按照机器人技术发展水平可以将工业机器人分为三代。

(1) 第一代示教再现机器人：这类机器人能够按照人类预先示教的轨迹、行为、顺序和速度重复作业。操作人员利用示教器上的开关或按键控制机器人一步一步地运动，机器人自动记录，然后重复运行。例如：汽车点焊机器人，只要把点焊过程示教完成以后，它将总是重复这样一种工作，对于外界环境没有感知，并不知道操作力的大小、工件是否存在以及焊接得好与坏等。目前，在工业现场应用的机器人大多属于这一代。

(2) 第二代感知机器人：模拟人的某种感觉的功能，比如力觉、触觉、滑觉、视觉和听觉等。有了各种各样的感觉后，机器人在进行实际工作时可以通过感觉功能去感知环境与自身状况，形成本身与环境的协调。例如：第二代焊接机器人采用焊缝跟踪技术，通过传感器感知焊缝位置，再通过反馈控制机器人自动跟踪焊缝，对示教位置进行修正，即使实际焊缝位置相对于原始设定的位置有变化，机器人也能很好地完成焊接工作。

(3) 第三代智能机器人：具有发现问题，并且能自主解决问题的机器人。从理论上来说，智能机器人是一种带有思维能力的机器人，能根据给定任务自主设定并完成工作流程，不需要人在其工作过程中进行干预。但是，智能机器人目前的发展还是相对的，只是局部符合这种智能的概念和含义，实际上真正完整意义的智能机器人并不存在。

2) 按机器人结构坐标系特点进行分类

按基本动作结构，工业机器人通常可分为直角坐标机器人、圆柱坐标机器人、球面坐标机器人、垂直多关节坐标机器人和平面关节坐标机器人，如图1-37所示。

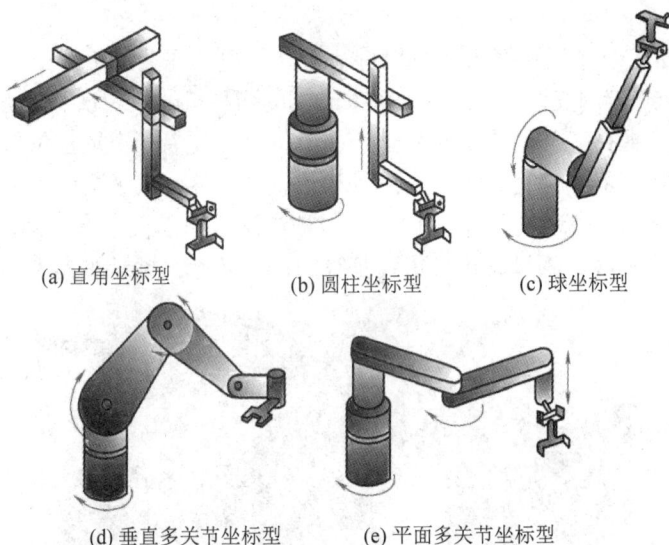

(a) 直角坐标型　　　　　(b) 圆柱坐标型　　　　　(c) 球坐标型

(d) 垂直多关节坐标型　　　　(e) 平面多关节坐标型

图1-37　工业机器人几种坐标形式

(1) 直角坐标机器人。直角坐标机器人由三个滑动关节组成，关节轴线相互垂直，相当于直角坐标系的 X、Y 和 Z 轴。这三个关节用来确定末端操作器的位置，通常还带有附加的旋转关节，用来确定末端操作器的姿态。这种机器人结构简单、稳定性好、定位精度高、空间轨迹易解，但其工作范围较小、灵活性差且占地面积较大，比较适用于大负载搬运。

(2) 圆柱坐标机器人。圆柱机器人位置结构由旋转基座、垂直移动轴和水平移动轴构成，两个滑动关节和一个旋转关节确定部件位置，再加一个旋转关节来确定部件姿态，工作范围为圆柱形状。这种机器人位置精度高、刚性好、运动直观、控制简单，但它不能到达靠近立柱或地面空间，后臂工作时手臂会碰到工作范围内的其他物体。Versatran 机器人是该类机器人的典型代表。

(3) 球坐标机器人。球坐标机器人采用球坐标系，一个滑动关节和两个旋转关节确定部件位置，再用一个附加的旋转关节确定部件姿态，工作范围为球缺形状。这种机器人结构紧凑、动作灵活、占地面积小、工作范围大，但结构复杂、难于控制、定位精度低、运动直观性差。Unimate 机器人是该类机器人的典型代表。

(4) 垂直多关节坐标机器人。垂直多关节坐标机器人由立柱、大臂和小臂组成，其具有拟人的机械结构，大臂与立柱构成肩关节，大臂与小臂构成肘关节。一个转动关节和两个俯仰关节确定部件位置和姿态。垂直多关节机器人工作范围为球缺状，工作范围大、动作灵活，可自由实现三维空间的各种姿势，能抓取靠近机身的物体，但运动直观性差、结构刚度较低、动作的绝对精度较低。

(5) 平面多关节坐标机器人。平面多关节坐标机器人可看作垂直多关节机器人的特例，只有平行的肩关节和肘关节，关节轴线共面。它有三个转动关节，其轴线相互平行，可在平面内进行定位和定向。其还有一个移动关节，用于实现手爪在垂直平面运动。平面多关节机器人在垂直平面内具有很好的刚度，在水平面内具有较好的柔性，具有动作灵活、速度快、定位精度高的特点。

3) 按机器人用途进行分类

(1) 搬运机器人。搬运机器人是可以进行自动化搬运作业的工业机器人。最早的搬运机器人出现在 1960 年的美国，Versatran 和 Unimate 两种机器人首次用于搬运作业。搬运作业是指用一种设备握持工件，将工件从一个加工位置移到另一个加工位置。搬运机器人可安装不同的末端执行器，搬运各种不同形状和状态的工件，大大减轻了人类繁重的体力劳动。目前世界上使用的搬运机器人逾 10 万台，被广泛应用于机床上下料、冲压机自动化生产线、自动装配流水线、码垛搬运、集装箱等的自动搬运。搬运机器人如图 1-38 所示。

图 1-38　搬运机器人

(2) 码垛机器人。码垛机器人是从事码垛的工业机器人。它将已装入容器的物体按要求排列码放在托盘、栈板(木质、塑胶)上，进行自动堆码，然后推出，便于叉车运至仓库储存。码垛机器人可以集成在任何生产线上，可广泛应用于纸箱、塑料箱、瓶类、袋类、桶装、膜包产品及灌装产品等的堆码。机器人代替人工搬运、码垛，能迅速提高企业的生产效率和产量，同时减少人工搬运造成的错误。码垛机器人可全天候作业，由此每年能节约大量的人力成本。码垛机器人如图 1-39 所示。

图 1-39　码垛机器人

(3) 焊接机器人。焊接机器人是从事焊接(包括切割与喷涂)的工业机器人，通过在工业机器人末端操作器上装接焊钳或焊(割)枪，使之能进行焊接、切割或热喷涂。焊接机器人目前已广泛应用在汽车制造业，如汽车底盘、座椅骨架、导轨、消声器以及液力变矩器等的焊接。焊接机器人能在恶劣的环境下连续工作，并能提供稳定的焊接质量，提高工作效率，减少工人劳动强度。焊接机器人如图 1-40 所示。

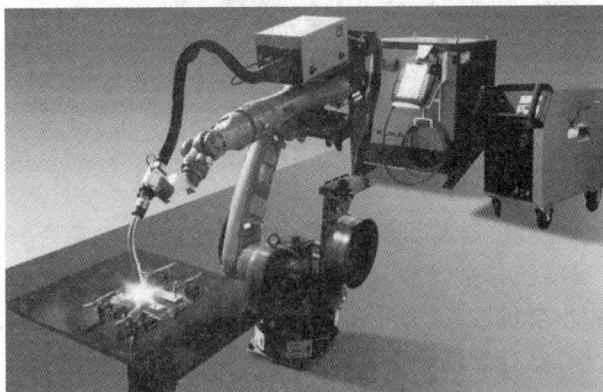

图 1-40　焊接机器人

(4) 装配机器人。装配机器人是柔性自动化装配系统的核心设备。末端执行器为适应不同的装配对象而设计成各种手爪和手腕等，传感系统用来获取装配机器人与环境和装配对象之间相互作用的信息。与一般工业机器人相比，装配机器人具有精度高、柔顺性好、工作范围小、能与其他系统配套使用等特点，主要用于各种电器制造行业及流水线产品的组装作业。装配机器人如图 1-41 所示。

图 1-41　装配机器人

(5) 喷涂机器人。喷涂机器人又叫喷漆机器人，是可进行自动喷漆或喷涂其他涂料的工业机器人，1969 年由挪威 Trallfa 公司(后并入 ABB 集团)发明。喷涂机器人主要由机器人本体、计算机和相应的控制系统组成。液压驱动的喷涂机器人还包括液压油源，如油泵、油箱和电机等。较先进的喷涂机器人腕部采用柔性手腕，既可向各个方向弯曲，又可转动，其动作类似人的手腕，能方便地通过较小的孔伸入工件内部，喷涂其内表面。喷涂机器人广泛应用于汽车、仪表、电器、搪瓷等工艺生产部门。喷涂机器人如图 1-42 所示。

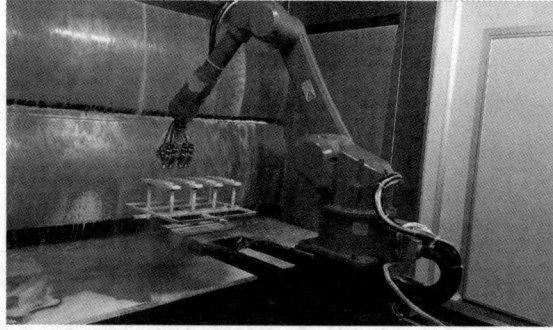

图 1-42　喷涂机器人

4) 按机器人负荷工作范围进行分类

按照负荷工作范围工业机器人可分为: 超大型机器人——负荷为 10 kN 以上; 大型机器人——负荷为 1~10 kN, 工作空间为 10 m³ 以上; 中型机器人——负荷为 100~1000 N, 工作空间为 1~10 m³; 小型机器人——负荷为 1~100 N, 工作空间为 0.1~1 m³; 超小型机器人——负荷小于 1 N, 工作空间小于 0.1 m³。

5) 按机器人驱动方式进行分类

按驱动方式工业机器人可分为气动机器人、液压机器人和电动机器人。三种驱动方式的差异如表 1-5 所示。

表 1-5　三种驱动方式特点对比

驱动方式	特　　点					
	输出力	控制性能	维修使用	结构体积	使用范围	制造成本
电气驱动	输出力较大或较小	容易与 CPU 连接, 控制性能好, 响应快, 可精确定位, 但控制系统较复杂	维修和使用较为复杂	需要减速装置, 体积较小	性能高、运动轨迹要求严格的机器人	成本较高
液压驱动	压力高, 输出力大	油液不可压缩, 压力、流量均容易控制, 可无级调速, 反应灵敏, 可实现连续轨迹控制	维修方便, 液体对温度变化敏感, 油液泄漏易着火	在输出力相同的情况下, 体积比气压驱动方式小	中、小型及重型机器人	液压元件成本较高, 油路比较复杂
气压驱动	气体压力小, 输出力较小, 如需要大输出力时, 其结构尺寸较大	可高速运行, 冲击较严重, 精确定位困难。气体压缩性大, 阻尼效果差, 低速不易控制, 不与 CPU 连接	维修简单, 能在高温、有粉尘等恶劣环境中使用, 泄漏无影响	体积较大	中、小型机器人	结构简单, 工作介质来源方便, 成本低

6) 按机器人控制系统的控制方式进行分类

按机器人控制系统的控制方式不同工业机器人可分为点位控制机器人和连续轨迹控制机器人。前者只控制机器人到达某指定点的位置精度, 而不控制其运动过程; 后者则对运动过程的全部轨迹进行控制。

(二) 工业机器人系统组成和技术参数

1. 工业机器人系统组成

工业机器人由机器人、作业对象及环境共同构成, 其组成结构包括机械系统、驱动系统、感知系统和控制系统四大部分。从图 1-43 中可以看出, 工业机器人是一个典型的机电一体化系统,其工作原理为:控制系统发出动作指令,控制驱动系统工作,驱动系统带动机械系统运动,使末端操作器达到空间某一位置实现某一姿态并实施一定的作业任务。末端操作器在空间的实时位姿由感知系统反馈给控制系统,控制系统将实际位姿与目标位姿相比较,然后发出下一个动作指令,如此循环,直至完成作业任务为止。

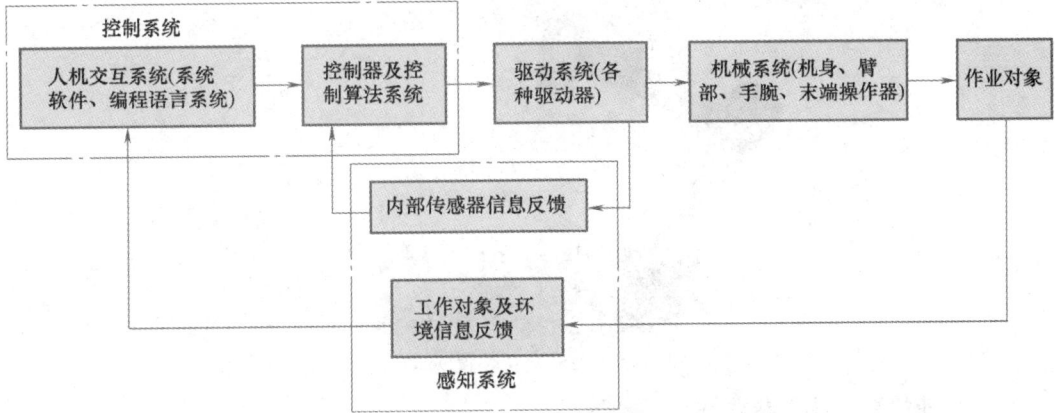

图1-43　机器人系统组成

1) 机械系统

工业机器人机械系统包括机身、臂部、手腕、末端操作器和行走机构(不一定有),如图1-44所示。每一部分都有若干个自由度,构成一个多自由度机械系统。若基座具备行走机构,则构成行走机器人;若基座不具备行走及腰转机构,则构成单机器人臂。手臂一般由上臂、下臂和手腕组成,末端操作器是直接装在手腕上的一个重要部件,可以是两手指或多手指的手爪,也可以是喷漆枪、焊枪等作业工具。

2) 驱动系统

驱动系统主要是指驱动机械系统动作的驱动装置。根据驱动源的不同,机器人常用的驱

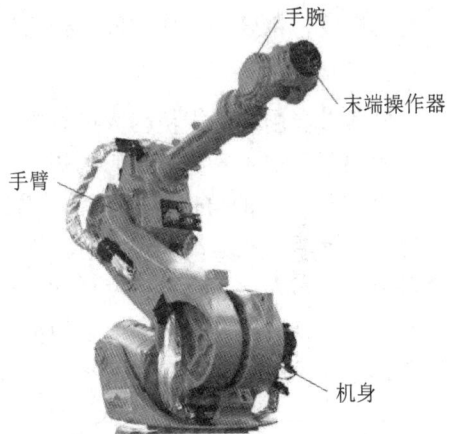

图1-44　工业机器人的机械系统结构

动方式有电气驱动、液压驱动和气压驱动三种基本类型,它们各自特点如表1-5所示。目前,除了个别运动精度不高、负载重或者有防爆要求的机器人还采用液压、气压驱动外,工业机器人大部分都采用电气驱动,其中尤以交流伺服电机驱动最广,且驱动器的布置大都采用一个关节一个驱动器的模式。

3) 感知系统

感知系统由内部传感器和外部传感器组成,其作用是获取机器人内部和外部环境信息,并把这些信息反馈给控制系统。内部状态传感器用于检测各个关节的位置、速度等变量,为闭环伺服控制系统提供反馈信息;外部状态传感器用于检测机器人与周围环境之间的一些状态变量,如距离、接近程度和接触情况等,用于引导机器人识别物体并做出处理。

4) 控制系统

控制系统依据机器人的作业指令程序以及传感器的反馈信号,控制机器人的执行机构,使其完成规定的运动和功能。控制系统包括人机交互装置(见图 1-45)和控制软件。人机交互装置是操作人员与机器人进行交互的装置,如示教盒。

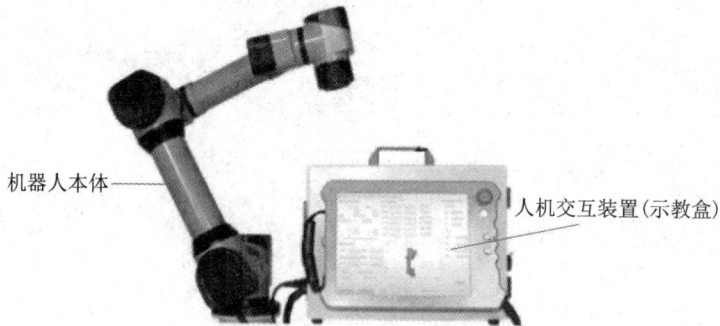

机器人本体

人机交互装置(示教盒)

图 1-45　人机交互装置(示教盒)

2. 工业机器人技术参数

工业机器人技术参数是各工业机器人制造商在产品供货时所提供的技术数据,也是工业机器人性能的主要表现,是设计、应用机器人必须考虑的问题。工业机器人主要技术参数有自由度、精度、工作空间、最大工作速度和工作载荷等。

1) 自由度

机器人自由度是指机器人所具有的独立坐标轴运动的数目,不包括末端操作器的开合自由度。机器人的一个自由度对应一个关节(允许机器人手臂各零件之间发生相对运动的机构),所以机器人的自由度数等于关节数。自由度是表征机器人动作灵活程度的参数,自由度越高越灵活。从运动学观点看,在完成某一特定作业时具有多余自由度的机器人叫作冗余自由度机器人,冗余自由度增加了机器人的灵活性,但也增加了机械结构的复杂性和控制难度,所以机器人的自由度要根据其用途进行设计,一般在 3～6 个之间。图 1-46 所示为 PUMA560 六自由度工业机器人。

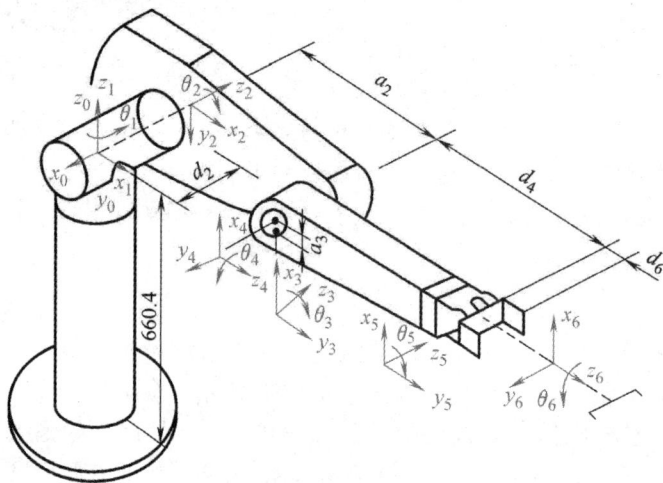

图 1-46　PUMA560 六自由度工业机器人

2) 精度

工业机器人精度包括定位精度和重复定位精度。定位精度是指机器人末端操作器实际位置与目标位置之间的偏差，由机械误差、控制算法误差与系统分辨率等部分组成。重复定位精度是指在同一环境、同一条件、同一目标动作、同一命令之下，机器人连续重复运动若干次时其手部到达同一目标位置的能力，是关于精度的统计数据(可以用标准偏差来表示)。重复定位精度不受工作载荷变化的影响，所以重复定位精度通常用作衡量"示教－再现方式"工业机器人性能的重要指标。

3) 工作空间

工作空间表示机器人的工作范围，是机器人运动时手臂末端或手腕中心所能到达的所有点的集合，也称为工作区域。由于末端操作器的尺寸和形状多种多样，为了真实反映机器人的特征参数，工作空间是指不安装末端操作器的工作区域。工作范围的大小不仅与机器人各连杆尺寸有关，还与机器人总体结构形式有关。

机器人的工作范围和形状十分重要。机器人在执行具体作业时可能会因存在手部不能达到的作业死区而不能完成任务。图 1-47 为 MOTOMAN SV3 机器人的工作范围。

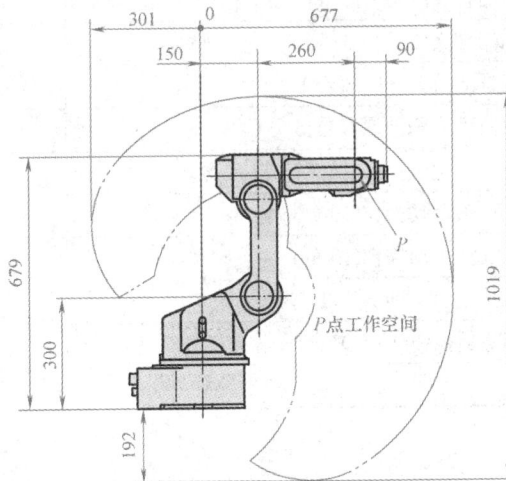

图 1-47　MOTOMAN SV3 机器人的工作范围

4) 最大工作速度

最大工作速度是机器人运动特性的主要指标，生产机器人的厂家不同其所指的最大工作速度也不同。有的厂家是指工业机器人主要自由度上的最大稳定速度，有的厂家是指手臂末端的最大合成速度，通常会在技术参数中加以说明。最大工作速度越高，则工作效率越高，但是，最大工作速度越高，允许的极限加速度就越小，加减速时间越长，或者对工业机器人最大加速率/最大减速率的要求也越高。

5) 工作载荷

工作载荷是指机器人在工作范围内的任何位姿上所能承受的最大重量。工作载荷不仅与负载重量有关，还与机器人运行速度和加速度的大小及方向有关。为了安全起见，工作载荷这一技术指标是指高速运行时机器人的承载能力。通常，载荷能力不仅指负载，还包括了机器人末端控制器重量。机器人有效负载大小不仅受到驱动器功率限制，还受到杆件材料极限应力限制，所以它又与环境条件和运动参数有关。

七、评价反馈

学习完本项目后，填表 1-6。

表 1-6　评　价　表

序号	评 估 内 容	自评	互评	师评
基本素养(30 分)				
1	纪律(无迟到、早退、旷课)(10 分)			
2	安全规范操作(10 分)			
3	团结协作能力、沟通能力(10 分)			
理论知识(30 分)				
1	ABB 工业机器人的认知(5 分)			
2	示教器的认知(5 分)			
3	工具坐标系的含义(5 分)			
4	工件坐标系的含义(5 分)			
5	安全操作规程(5 分)			
6	工业机器人的组成和技术参数(5 分)			
技能操作(40 分)				
1	工业机器人单轴运动操作(10 分)			
2	工业机器人线性运动操作(10 分)			
3	工业机器人重定位运动操作(10 分)			
4	转数计数器更新操作(10 分)			
综 合 评 价				

练　习　题

1. 填空题

(1) 工业机器人由_____系统、_____系统、_____系统和_____系统组成。

(2) 作业范围是指机器人_____或手腕中心所能到达的点的集合。

(3) 当我们想要切换机器人运行模式时，我们可以通过_____进行设置。

(4) 为了确保安全，用示教编程器手动运行机器人时，机器人最高速度限制为_____。

(5) 使用示教器按下使能按钮，点击进入开启状态，可以在_____中确认。

2. 选择题

(1) ____位于机器人基座，它是最便于机器人从一个位置移动到另一个位置的坐标系。

A. 基坐标系　　　　　　　　　B. 大地坐标系

C. 工具坐标系　　　　　　　　D. 工件坐标系

(2) ＿＿＿与工件相关，通常是最适于对机器人进行编程的坐标系。

A. 基坐标系　　　　　　　　　　B. 大地坐标系

C. 工具坐标系　　　　　　　　　D. 工件坐标系

(3) ＿＿＿定义机器人到达预设目标时所使用工具的位置。

A. 基坐标系　　　　　　　　　　B. 大地坐标系

C. 工具坐标系　　　　　　　　　D. 工件坐标系

(4) 一个工作站中只有一个＿＿＿。

A. 基坐标系　　　　　　　　　　B. 大地坐标系

C. 工具坐标系　　　　　　　　　D. 工件坐标系

(5)按机器人结构坐标系统的特点可将机器人分为＿＿＿。

① 直角坐标机器人；② 圆柱坐标机器人；③ 球面坐标机器人；④ 关节坐标机器人。

A. ①②　　　　B. ①②③　　　　C. ①②④　　　　D. ①②③④

3. 判断题

(1) 机器人出厂时默认的工具坐标系原点位于第 1 轴中心。　　　　　（　　）

(2) 机器人常用驱动方式主要有液压驱动、气压驱动和电气驱动三种基本类型。（　　）

(3) 机器人调试人员进入机器人工作区域范围内时需佩戴安全帽。　（　　）

(4) 工业机器人控制技术的主要任务是控制工业机器人在工作空间中的运动位置、姿态和轨迹、操作顺序及动作的时间等。　　　　　　　　　　　　（　　）

(5) 工业机器人系统由四大部分组成：机械系统、驱动系统、控制系统和感知系统。

（　　）

4. 操作题

(1) 在小、中、大三种增量模式下进行机器人单轴运动。

(2) 采用用户模式，分别在机器人坐标系、大地坐标系、工具坐标系和工件坐标系下进行机器人线性运动。

项目二　ABB 工业机器人坐标设定

一、学习目标

(1) 了解 ABB 示教器操作环境配置、常用信息与事件日志查看、数据恢复与备份的方法。

(2) 了解工业机器人坐标变换原理、程序数据类型与用途。

(3) 掌握 ABB 工业机器人预定义工具坐标(tool0)、工件坐标(wobj0)和负载数据(load0)的内涵。

(4) 掌握 ABB 工业机器人工具数据、工件数据、有效载荷数据的建立过程及操作方法。

(5) 能够手动操作机器人设置工具数据和工件数据。

(6) 能够通过示教器设置有效载荷数据。

二、工作任务

(一) 任务描述

如图 2-1 所示,手动操作 ABB 工业机器人进行工具笔工具数据设置和仿真台工件数据设置,通过示教器设置工具笔及其所属夹具的有效载荷数据。

(二) 所需设备和材料

本任务所需设备为 ABB 工业机器人工作台,如图 2-1 所示。

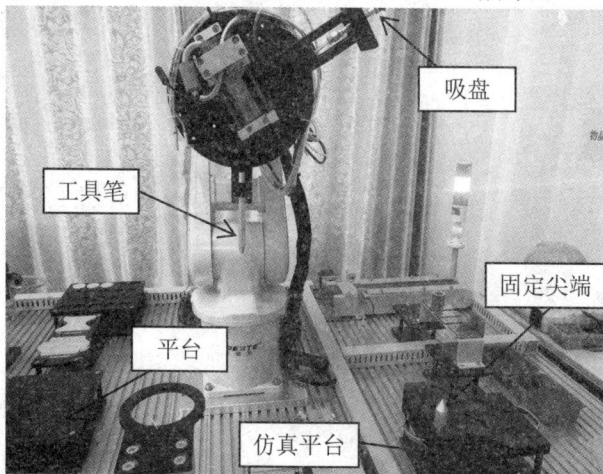

图 2-1　ABB 工业机器人工作台

（三）技术要求

(1) 手动操作时机器人速度百分比不超过 10 %，为安全起见，通常选用较低的速度。

(2) 机器人与周围任何物体间不得有干涉。

(3) 示教器不得随意放置，不得跌落，以免损坏触摸屏。

(4) 不能强行对机器人断电，要遵守开关机顺序。

(5) 不得人为干扰机器人工作区间。

(6) 爱护机器人与示教器，不得随意拨动摇杆和按下使能器按钮。

(7) 工具笔工具数据测量误差不能大于 0.5 mm。

三、知识储备

（一）机器人预定义工具数据

所有机器人在手腕处都有一个预定义工具坐标系，该坐标系称为 tool0。该工具坐标系原点(也称为工具中心点)位于机器人第 6 轴法兰盘中心点，如图 2-2 所示。安装工具之后，需要重新定义工具坐标，这样就能将一个或多个新工具坐标系定义为 tool0 的偏移值。在实际应用过程中，机器人所使用的工具多数形状不规则，因此很难直接精准测量或计算出新工具坐标与初始工具坐标 tool0 之间的相对位置关系。

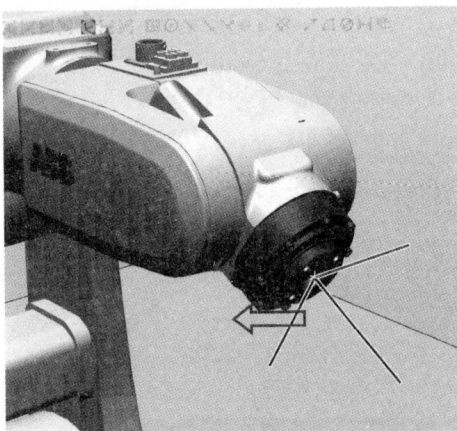

图 2-2　机器人工具坐标系 tool0

（二）工具数据设定原理

工具数据是描述安装在机器人第 6 轴上工具的工具中心点(TCP)、质量、重心等参数的数据。机器人原始 TCP 即为图 2-2 中所示 tool0 工具坐标系的原点，也即第 6 轴法兰盘中心点。一般不同用途的机器人应配置不同的工具，比如涂胶机器人就使用胶枪作为工具，如图 2-3 所示为胶枪工具坐标。当机器人安装了胶枪工具以后，新工具坐标系是以胶枪枪口顶尖为原点工具坐标系，Z 轴向指向外，XY 平面与胶枪枪口顶尖垂直。执行程序时机器人将 TCP 移至编程位置，这意味着，机器人运动将随新工具及工具坐标系的更改而改变，以便新 TCP 到达目标。

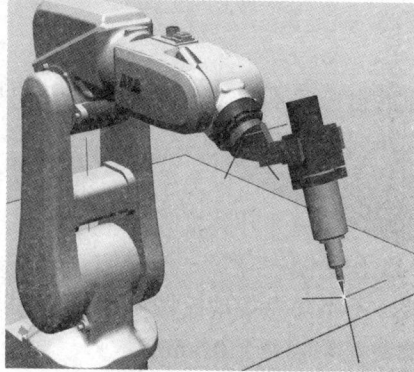

图 2-3　胶枪工具坐标系

TCP 设定原理如下：

(1) 在机器人工作范围内找一个非常精确的固定点作为参考点，一般为尖点。

(2) 在工具上确定一个参考点，最好是工具中心点，中心点不方便测试时，往往选择中心点附近的工具尖点。

(3) 用项目一介绍的手动操作机器人方法，移动工具上的参考点，用四点法、五点法或六点法测试工具数据。四点法是以四种不同的机器人姿态尽可能与固定点刚好碰上，为了获得更准确的 TCP，前三点姿态相差尽量大些，第四点用工具参考点垂直于固定点；五点法就是在四点法基础上，工具参考点从固定点向将要设定为 TCP 的 X 方向移动；六点法就是在五点法基础上，工具参考点从固定点向将要设定为 TCP 的 Z 方向移动。三者区别为：四点法不改变 tool0 坐标系方向；五点法改变 tool0 坐标系的 Z 方向；六点法改变 tool0 坐标系的 X 和 Z 方向(在焊接应用中最为常见)。

(4) 以四点法为例(见图 2-4)，机器人通过四个位置点的位置数据计算求出 TCP 数据，并将之保存在 tooldata 程序数据中。

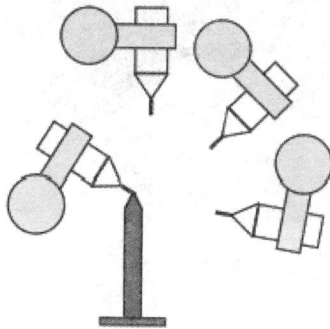

图 2-4　四点法示意图

(三) 有效载荷数据设定原理

机器人安装工具以后，质量、重心等工具数据会发生变化，特别是对于搬运机器人来说，搬运工具在搬运工件前后，整体质量会发生变化。所以搬运机器人不但需要设定夹具的质量和重心等工具数据(tooldata)，还需要设定搬运对象的质量、重心等有效载荷数据(loaddata)。有效载荷数据的设定要根据实际需要进行，需要设定的参数有：有效载荷质量、有效载荷重心、力矩轴方向及转动惯量，具体内容如表 2-1 所示。

表 2-1 有效载荷数据

名称	参数	单位
有效载荷质量	load.mass	kg
有效载荷重心	load.cog.x load.cog.y load.cog.z	mm
力矩轴方向	load.aom.q1 load.aom.q2 load.aom.q3 load.aom.q4	—
转动惯量	Ix Iy Iz	kg·m²

(四) 工件数据设定原理

工件坐标对应工件，定义工件相对于大地坐标或其他坐标的位置。机器人可以拥有若干工件坐标系，或表示不同工件，或表示同一工件在不同位置的若干副本。

对机器人进行编程时须在工件坐标系中创建目标和路径。在如图 2-5(a) 所示的工件坐标系原理图中，A 是机器人大地坐标系，B 是工件坐标系 1，C 是工件坐标系 2。在工件坐标系中进行轨迹编程有很多优点：

(1) 重新定位工作站中工件时，只需要更改工件坐标位置，所有路径将随之更新。

(2) 允许操作以外轴或传送导轨移动工件，因为整个工件可连同其路径一起移动。

如果工作台上还有一个相同的工件需要相同的轨迹，则只需建立一个工件坐标系 C，将工件坐标系 B 中轨迹复制一份，然后将工件坐标系从 B 更新到 C，而不需要对相同的、具有重复轨迹的工件再次进行编程。

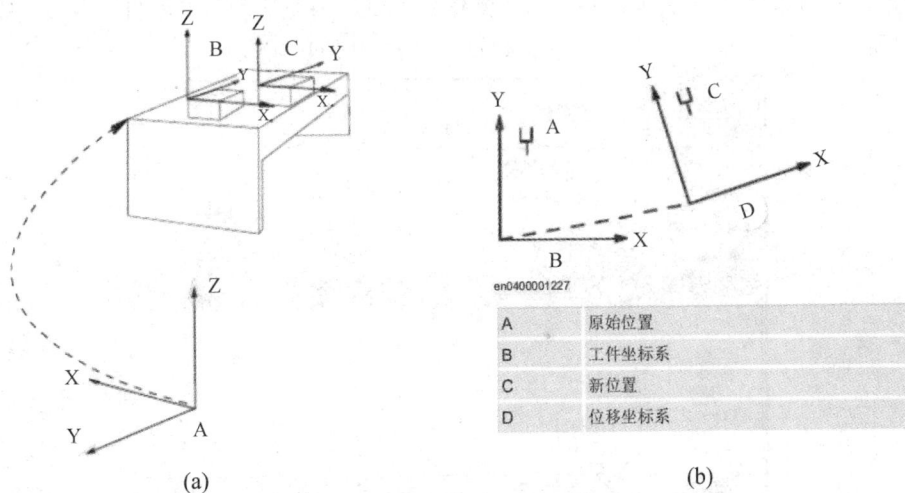

A	原始位置
B	工件坐标系
C	新位置
D	位移坐标系

(a) (b)

图 2-5 工件坐标系原理图

如图 2-5(b) 所示，在工件坐标系 B 中对 A 对象进行了轨迹编程，如果工件坐标位置变化成工件坐标系 D 后，只需要在机器人系统重新定义工件坐标系 D，则机器人轨迹就自动更新到 C，不需要再次进行轨迹编程。因为 A 相对于 B 与 C 相对于 D 的关系是一样的，并没有因为整体偏移而发生变化。

工件坐标是设定在工作平面上的坐标系，在工作对象的平面上，通过三点法建立一个工件坐标，工件坐标设定原理如图 2-6 所示，其确定方式如下：

(1) X1 点确定工件坐标原点。

(2) X2 点确定工件坐标 X 轴正方向。

(3) Y1 点确定工件坐标 Y 轴正方向。

工件坐标方向遵循右手定则。

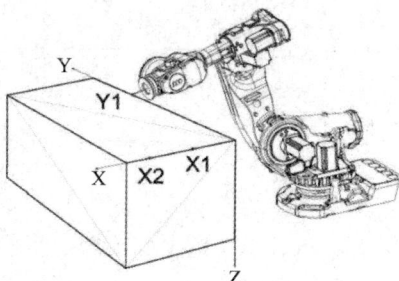

图 2-6　工件坐标设定原理图

四、实践操作

(一) 工具笔工具数据设置

1. 新建工具坐标系 tool1

在示教器"手动操纵"页面(如图 1-16 所示)，点击"工具坐标"的右侧，进入新建工具坐标系页面，如图 2-7 所示。点击"新建..."按钮，进入新建工具坐标系命名页面，如图 2-8 所示，tool1 为默认工具坐标系命名，操作者可以使用默认命名或者自行更改。完成后，点击"确定"按钮，建立工具坐标系 tool1，如图 2-9 所示。

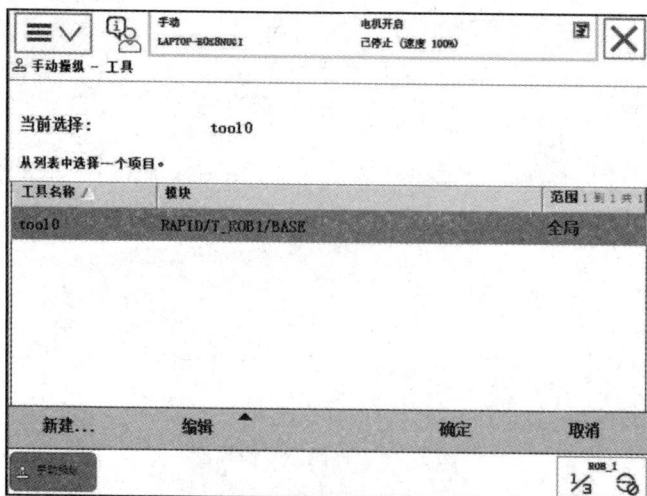

图 2-7　新建工具坐标系页面

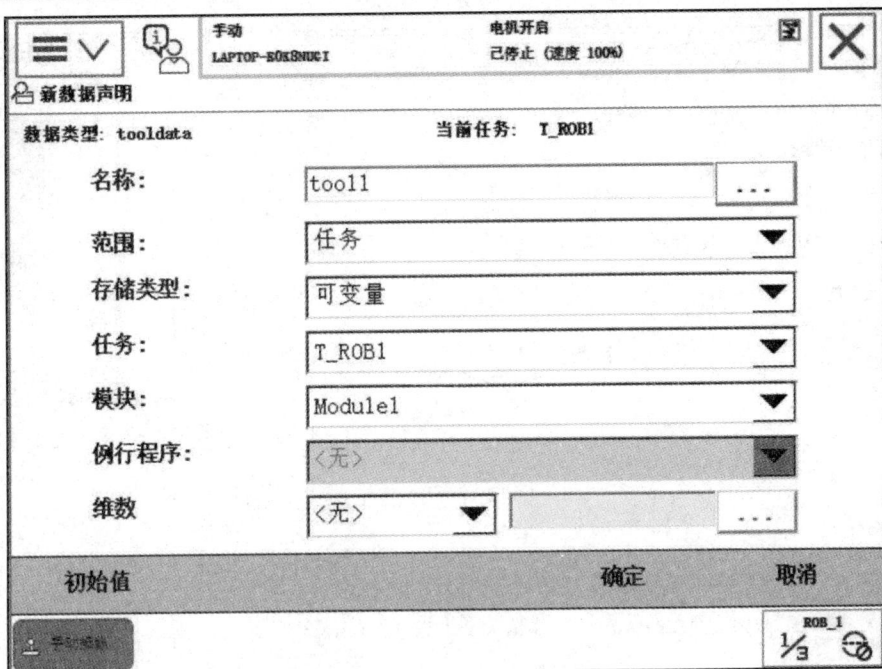

图 2-8　新建工具坐标系命名页面

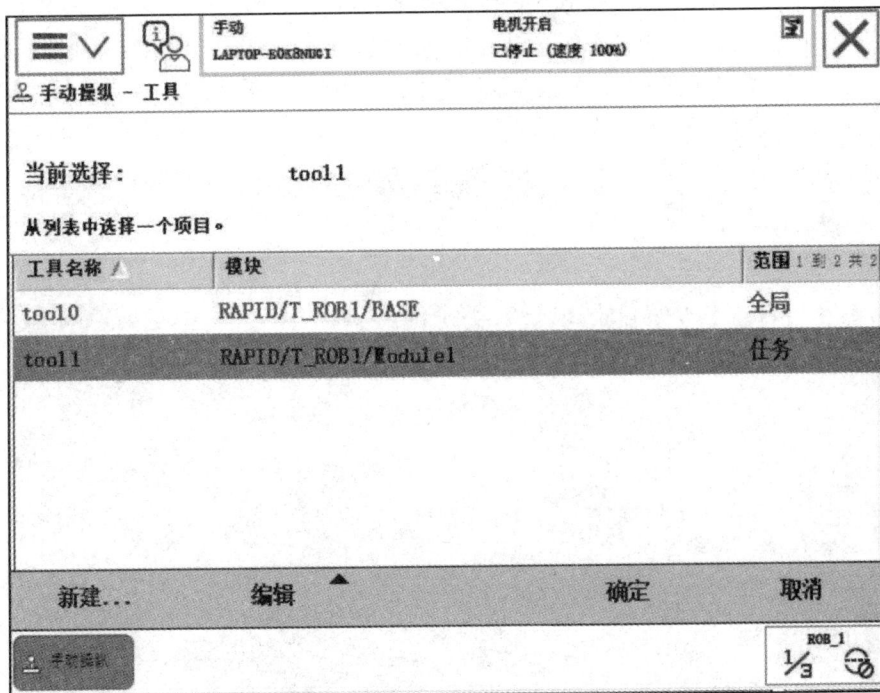

图 2-9　新建工具坐标系 tool1

2. 工具坐标系标定

(1) 点击图 2-9 中的"编辑"→"定义"按钮，进入 tool1 工具坐标系标定页面，点数选择"4"，即使用四点法标定工具坐标系，如图 2-10 所示。

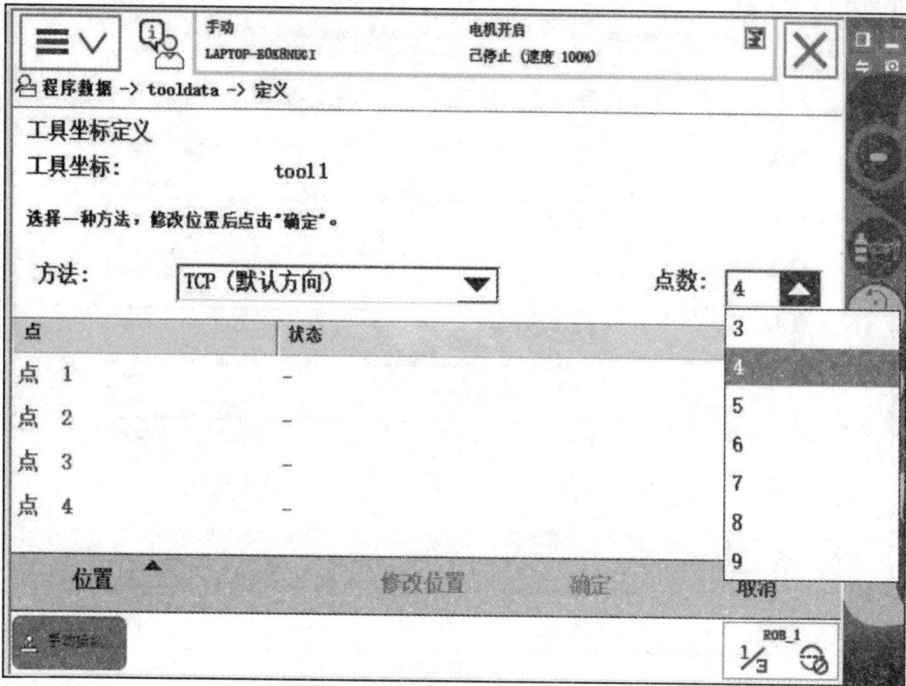

图 2-10　tool1 工具坐标系标定页面

(2) 手动操作机器人，通过单轴运动和线性运动，运动至第 1 点姿态，如图 2-11 所示，使工具笔尖点和固定尖点对齐。点击图 2-10 中点 1 所在行，并点击"修改位置"按钮，记录点 1 坐标，结果如图 2-12 所示。

图 2-11　第 1 点姿态

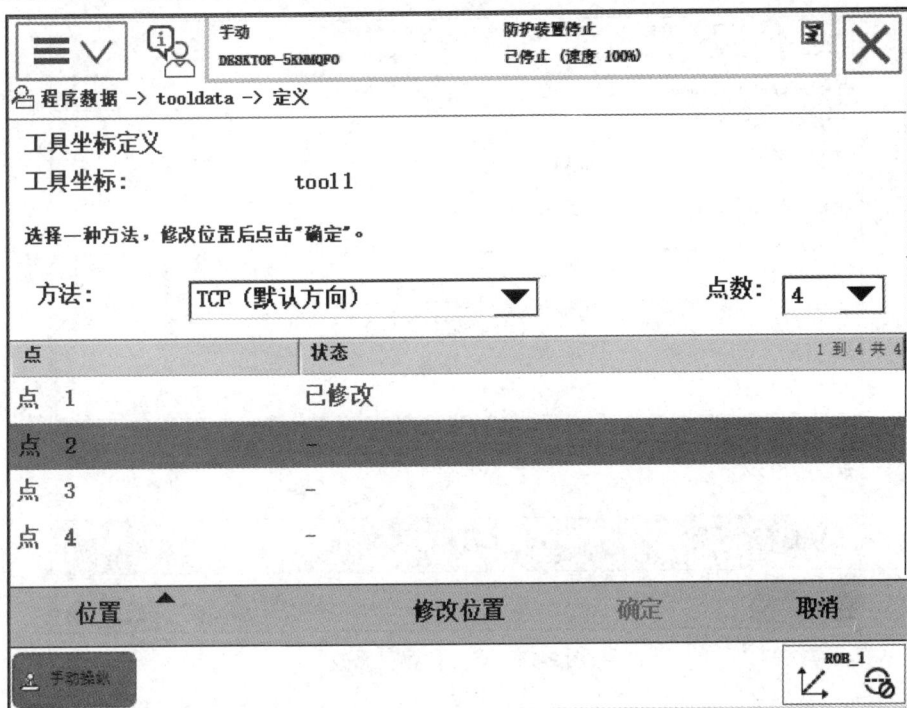

图 2-12　点 1 位置已修改

(3) 手动操作机器人，通过关节坐标运动和线性运动，操作机器人进入第 2 点姿态，如图 2-13 所示(此种姿态和图 2-11 不同)，使工具笔尖点和固定尖点对齐。点击图 2-12 中点 2 所在行，并点击"修改位置"按钮，记录点 2 坐标，结果如图 2-14 所示。

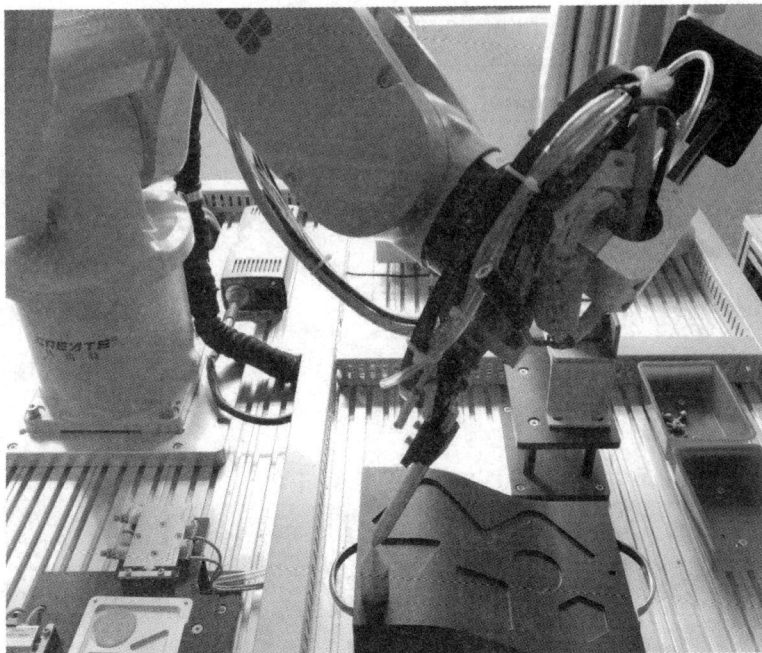

图 2-13　第 2 点姿态

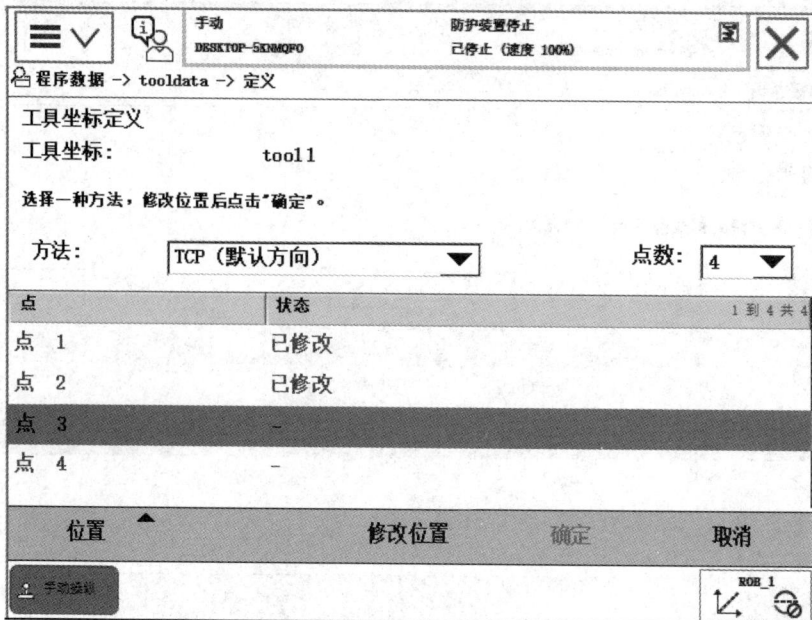

图 2-14　点 2 位置已修改

　　(4) 按照上述记录点 1 和点 2 的方式，操作机器人分别进入第 3 点和第 4 点姿态，且使工具笔尖点和固定尖点对齐，并完成点 3 和点 4 机器人姿态数据记录，如图 2-15 所示。点击图 2-15 中的"确定"按钮，显示如图 2-16 所示的计算结果。所建工具坐标系误差包含最大误差、最小误差和平均误差数据，本任务要求平均误差小于 1 mm，本次计算结果误差满足要求，点击"确定"按钮，完成工具笔工具坐标系的创建和标定。如果平均误差大于 1 mm，则要重新返回图 2-10 所示页面，再次标定。

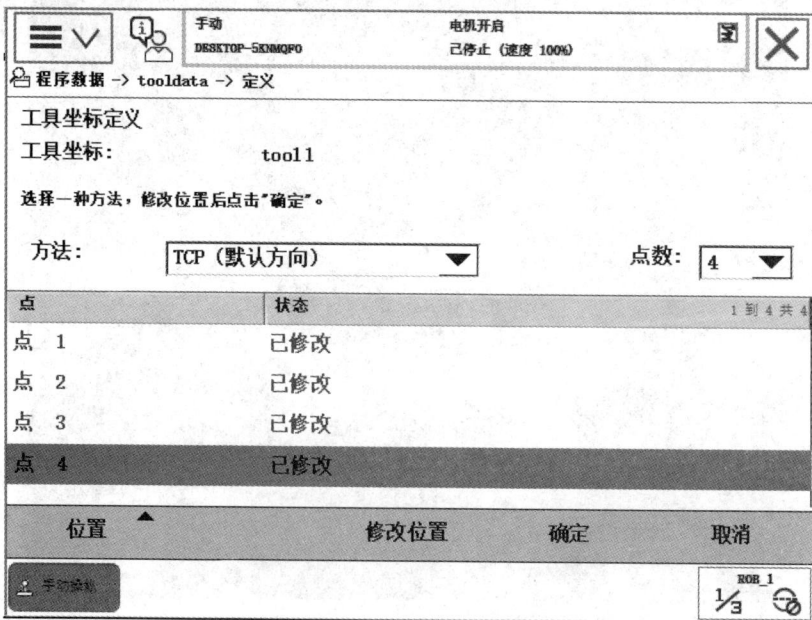

图 2-15　点 3 和点 4 位置已修改

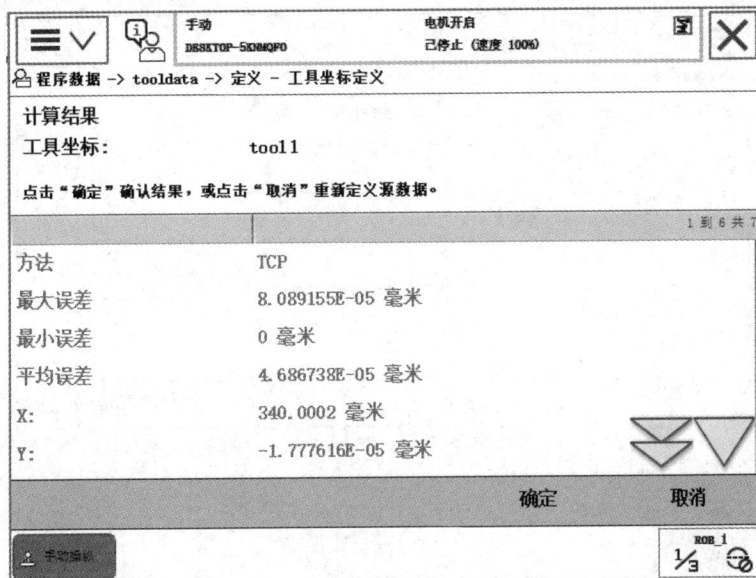

图 2-16 计算结果

(二) 有效载荷数据设置

1. 创建有效载荷

在 ABB 示教器主界面点击"手动操纵"按钮，进入如图 1-16 所示的"手动操纵"页面。点击图中"有效载荷"右侧，进入如图 2-17 所示的页面。点击"新建…"按钮，打开如图 2-18 所示的有效载荷设置页面。在此页面中，可对有效载荷信息进行设置，如输入新创建的有效载荷名称，通过下拉菜单设置范围、存储类型和模块等信息。本项目采用默认值。

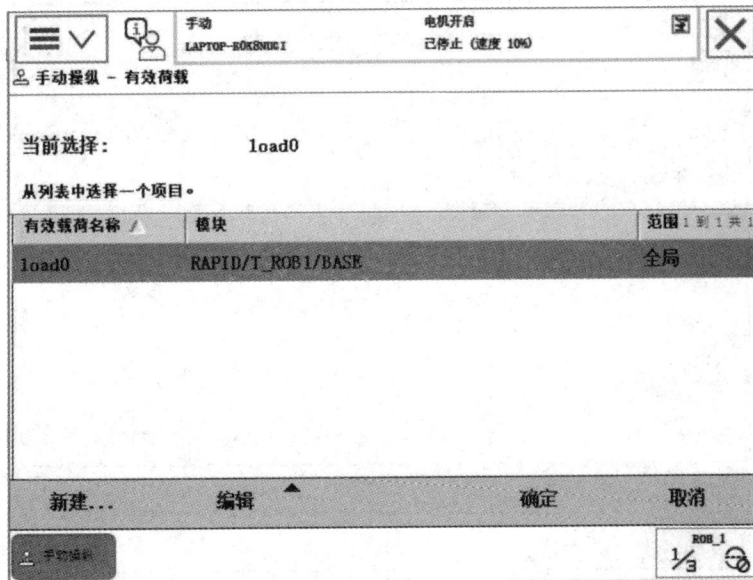

图 2-17 创建有效荷载页面

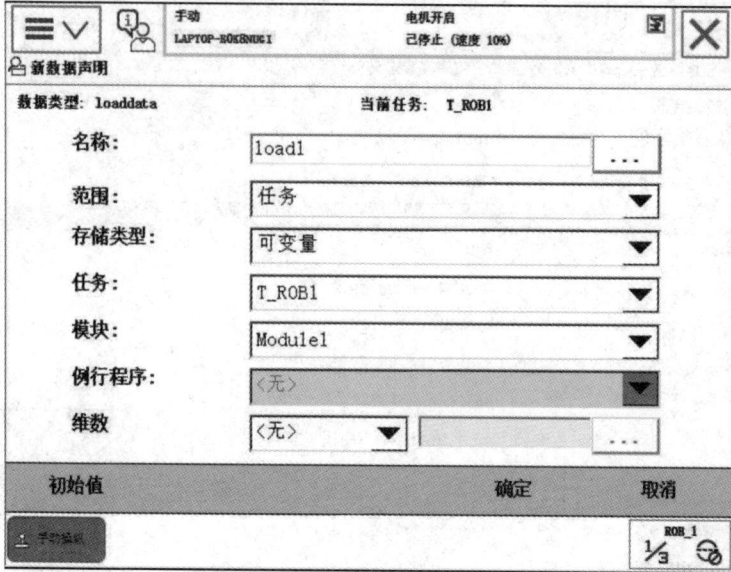

图 2-18　有效载荷设置页面

2. 设置有效载荷数据

　　创建有效载荷信息并确认完毕，点击图 2-18 中的"初始值"按钮，进入如图 2-19 所示的有效载荷参数输入页面。在此页面中，可通过下拉箭头显示出需要输入的选项，根据实际需要，对有效载荷参数进行输入，输入具体数据参考表 2-1。本项目只需要将质量(mass) 设置为"1"，重心 Z 设置为"50"即可，设置完成后显示结果如图 2-20 所示。在下料、搬运、打磨等编程过程中，需要对有效载荷数据进行实时调整。例如，当夹具夹紧工件或吸盘吸取工件时，需要指定当前搬运或吸取对象的质量和重心数据；当夹具松开或者吸盘放置工件时，要将搬运对象设置为 load0，即恢复之前的载荷数据。

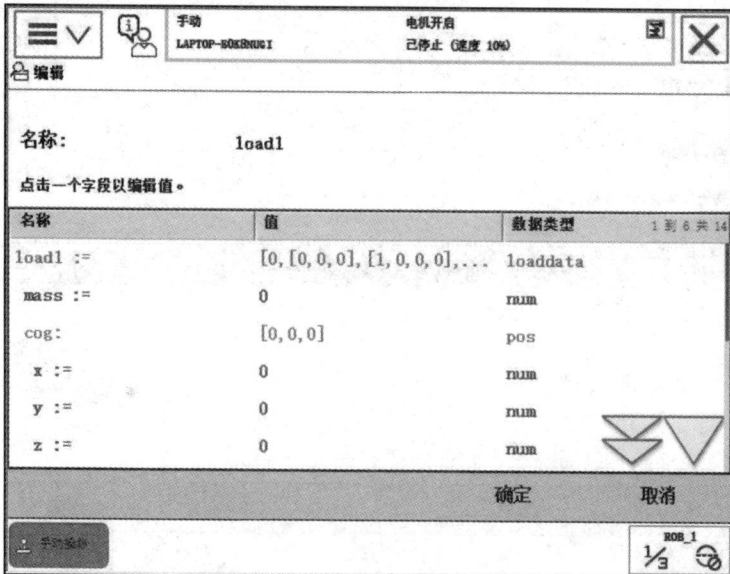

图 2-19　有效载荷参数输入页面

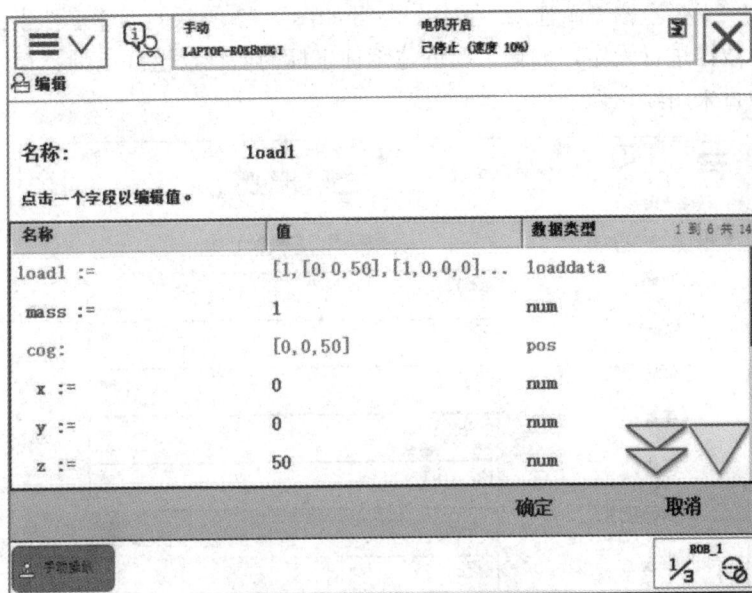

图 2-20 有效载荷设置完成页面

工具数据和有效载荷数据设置完成后,参照项目一重定位运动,检验工具数据的设置效果。注意:速率百分比为 10%,此外,要防止工具笔尖端与固定尖端碰撞。

(三) 仿真台工件数据设置

1. 创建新工件坐标

(1) 点击示教器触摸屏左上角的开始下拉菜单→"手动操纵"菜单项,弹出如图 1-16 所示的页面,点击"工件坐标"的右侧,进入如图 2-21 所示工件坐标页面。

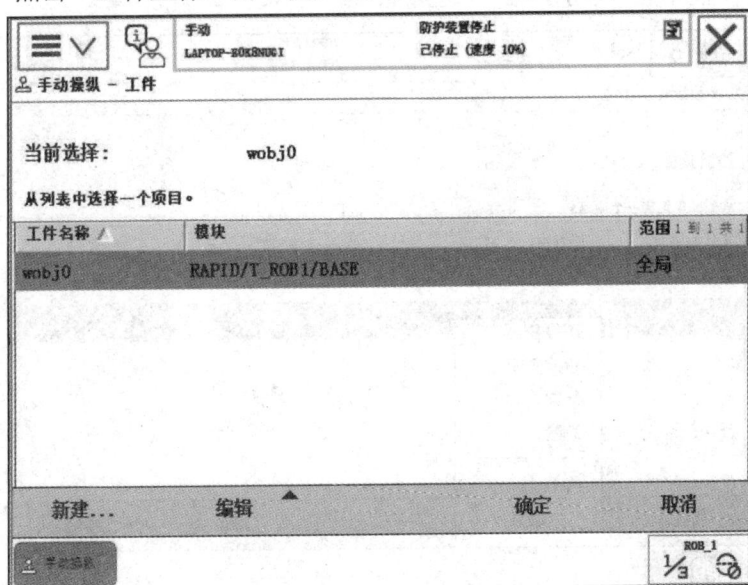

图 2-21 工件坐标页面

(2) 在图 2-21 中点击"新建…"按钮，打开如图 2-22 所示的创建工件坐标页面。在此页面，对工件数据进行设定，如输入新创建工件坐标的名称，选择范围、存储类型和模块等信息，本项目采用默认值。

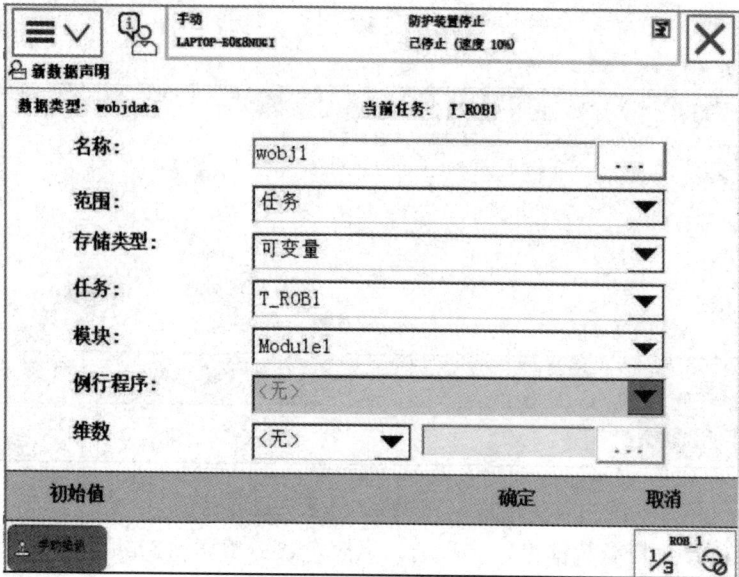

图 2-22　创建工件坐标页面

2. 定义新工件坐标

(1) 创建工件坐标信息确认完毕，点击"确定"按钮，进入如图 2-23 所示的新工件坐标页面。选中"wobj1"，点击"编辑"→"定义…"菜单项，进入如图 2-24 所示的新工件坐标定义页面。在"用户方法"下拉菜单中选择工件坐标设定方法，本项目选择"3 点"，即用三点法进行工件坐标设定。

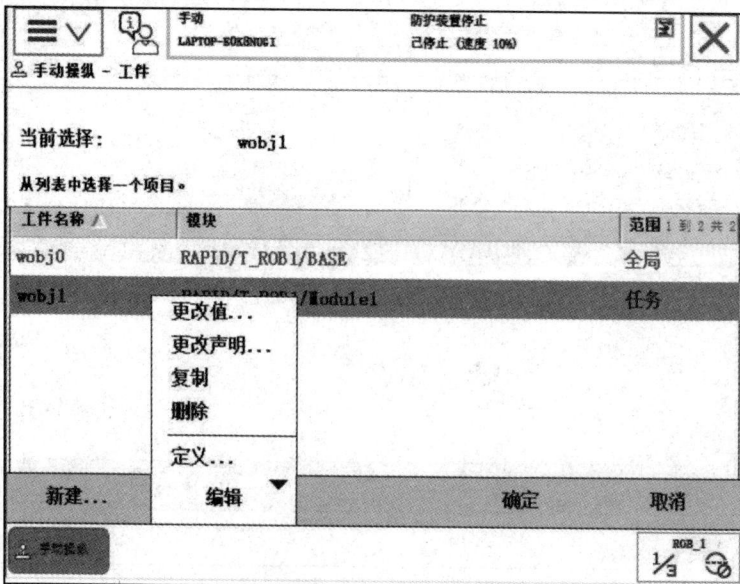

图 2-23　新工件坐标页面

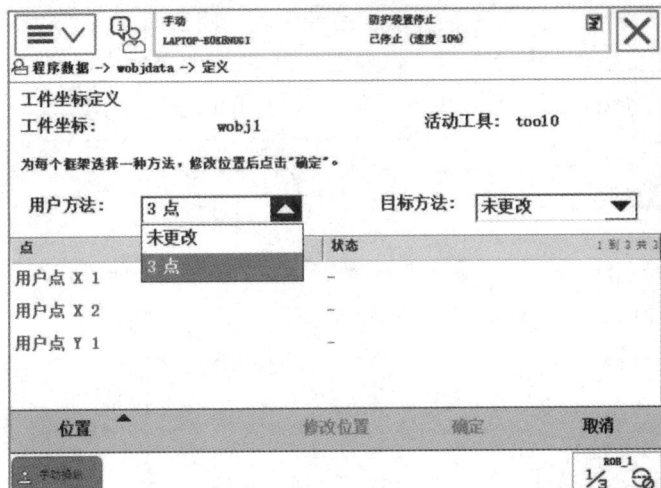

图 2-24　新工件坐标定义页面

(2) 手动操作机器人，通过单轴运动和线性运动，将工具笔尖点以图 2-25(a)所示姿态靠近仿真平台待定义工件坐标 X1 点(即原点)。点击图 2-24 所示用户点 X1 所在行，点击"修改位置"按钮，记录此点位置信息，得到如图 2-26 所示的 X1 点位置记录。

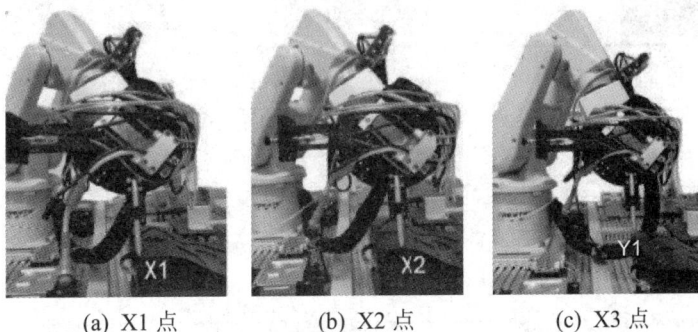

(a) X1 点　　　　　　(b) X2 点　　　　　　(c) X3 点

图 2-25　工件坐标 3 个点的设定位置

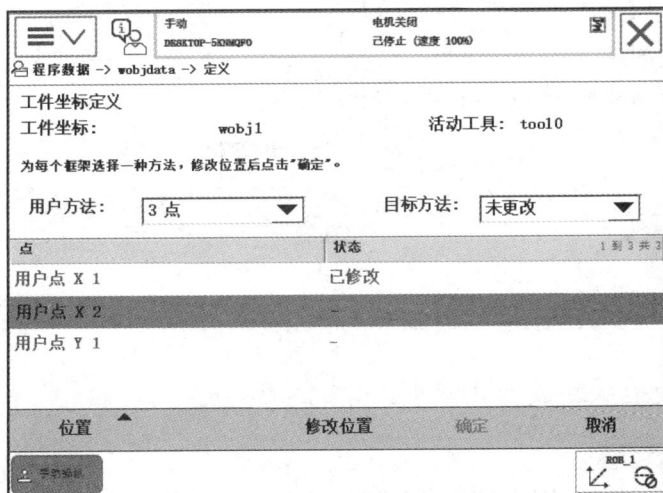

图 2-26　X1 点位置记录

(3) 手动操作机器人，通过单轴运动和线性运动，将工具笔尖点以图 2-25(b)所示姿态靠近仿真平台待定义工件坐标 X2 点，在如图 2-26 所示的页面中选择用户点 X2 所在行，点击"修改位置"按钮，记录此点位置信息，得到如图 2-27 所示的 X2 点位置记录。

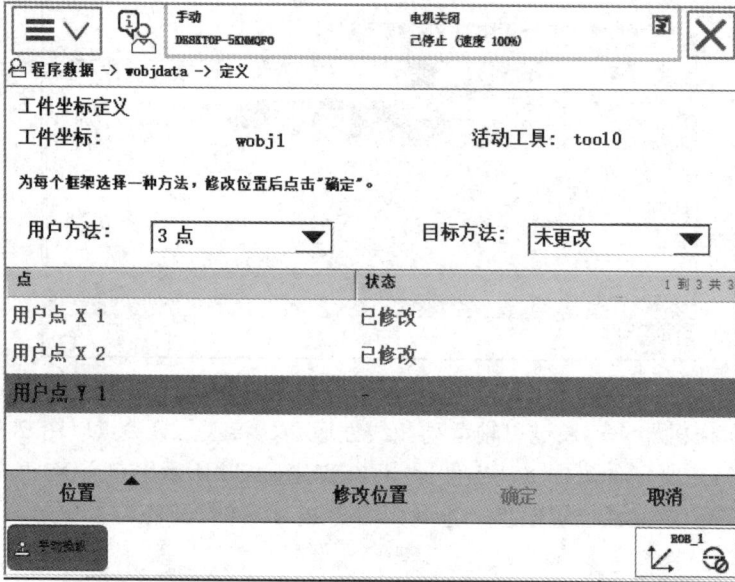

图 2-27　X2 点位置记录

(4) 手动操作机器人，将工具参考点以图 2-25(c)所示姿态靠近仿真平台待定义工件坐标 Y1 点，在如图 2-27 所示的页面中选择用户点 Y1 所在行，点击"修改位置"按钮，记录此点位置信息，得到如图 2-28 所示的 Y1 点位置记录。定义完成后，点击"确定"按钮，进入如图 2-29 所示的工件坐标信息确认页面。点击"确定"按钮，返回至图 2-23 所示页面，完成仿真平台工件坐标的创建。

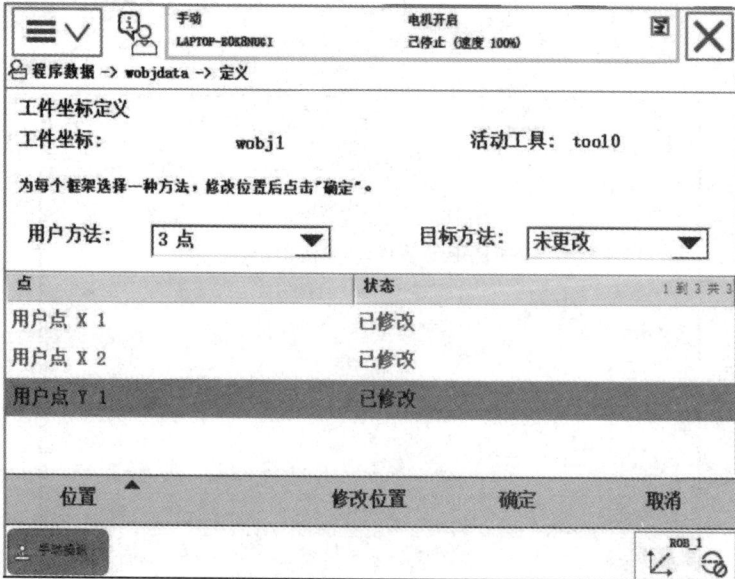

图 2-28　Y1 点位置记录

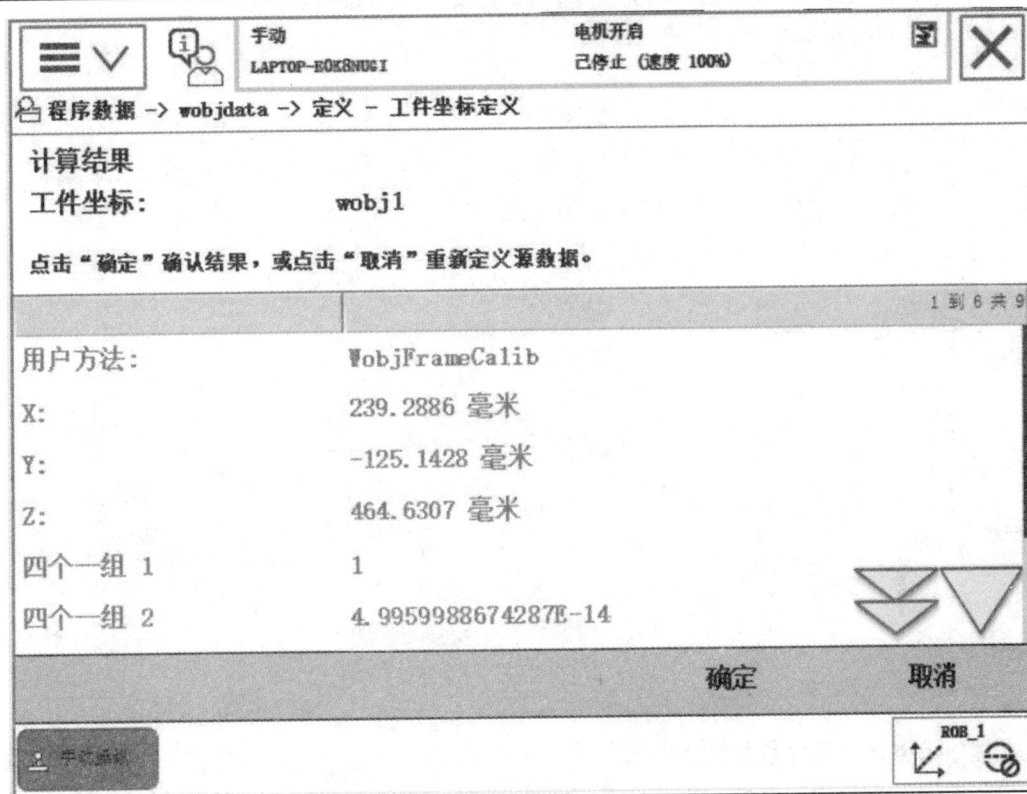

图 2-29 工件坐标信息确认页面

3. 验证工件坐标

工件坐标设定完成后，需对其方向进行验证。动作模式选择"线性"，坐标系选择"工件坐标"，工件坐标选择需要验证的工件坐标"wobj1"，手动操作机器人做线性运动，即沿着各轴运动，可以看到工具笔尖点沿着新定义的工件坐标做线性运动。

五、问题探究

(一) 坐标变换

ABB 工业机器人坐标系包括大地坐标系、基坐标系、工具坐标系和工件坐标系，各个坐标系之间的运动关系可以通过坐标变换相互转换。

ABB 工业机器人相邻杆件之间的旋转运动或平移运动在数学上可以用矩阵代数来表达，这种表达称为坐标变换。与旋转运动对应的是旋转变换，与平移运动对应的是平移变换。ABB 工业机器人在编程之前需要明确机器人在轨迹运行时工作点 TCP 的位置参数，具体坐标系之间的转换关系如图 2-30 所示。

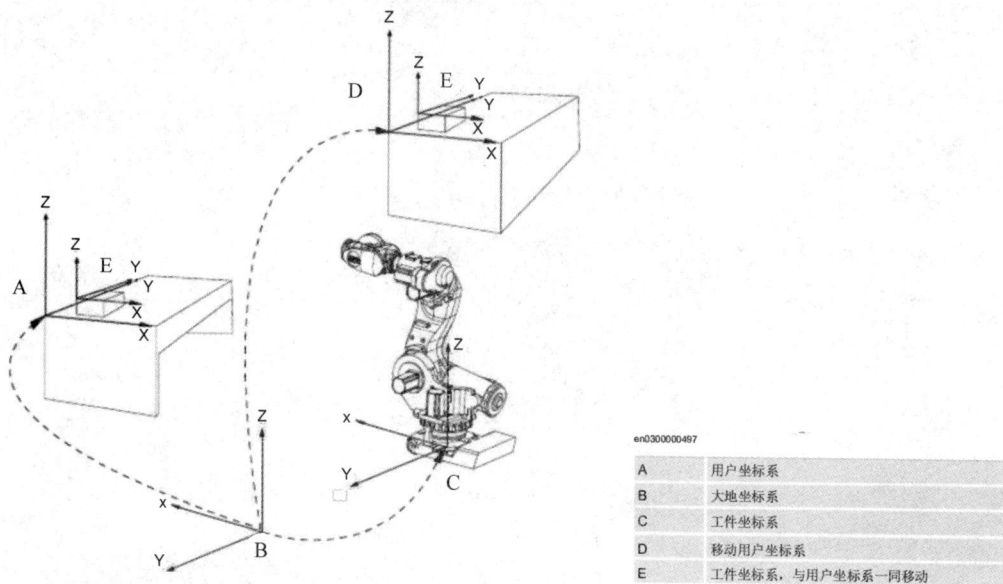

图 2-30　ABB 工作机器人坐标系之间的转换关系．

(二) 程序数据

程序数据是在程序模块或系统模块中设定的值和定义的一些环境数据，创建的程序数据通常由同一个模块或其他模块中的指令进行引用。ABB 工业机器人共有 76 个程序数据，并且可以根据实际情况创建程序数据，这为 ABB 工业机器人程序设计带来了无限可能性。

1. 程序数据存储类型

程序数据存储类型主要包括变量型 VAR、可变量型 PERS 和常量型 CONST 三种。

1) 变量型 VAR

变量型数据在程序执行过程中和执行停止时，会保持当前值。但如果程序指针被移到主程序后，数值就会丢失。

例如：

　　VAR numlength:=0;　　　　　　!名称为 length 的数字数据

　　VAR stringname:= "John";　　　!名称为 name 的字符数据

　　VAR boolfinish:=FALSE;　　　　!名称为 finish 的布尔量数据

注意：在 RAPID 程序中可以对变量存储类型程序数据进行赋值操作。

2) 可变量型 PERS

可变量型数据最大的特点是，无论程序指针如何移动，可变量型数据都会保持最后赋予的值。

例如：

　　PERS numnbr:=1;　　　　　　　!名称为 nbr 的数字数据

　　PERS stringtest:= "Hello";　　　!名称为 test 的字符数据

注意：在 RAPID 程序中也可以对可变量存储类型程序数据进行赋值操作。

在程序执行结果后，赋值结果会一直保持不变，直到对其进行重新赋值。

3) 常量型 CONST

常量型数据的特点是在定义时已赋予了数值，并且不能在程序运行过程中进行修改，除非手动修改。

例如：

　　CONST numgravity:=9.81;　　　　　!名称为 gravity 的数字数据

　　CONST stringgreating:= "Hello";　　　!名称为 greating 的字符数据

注意：存储类型为常量型的程序数据，不允许在程序中进行赋值操作。

三种数据存储类型在程序数据页面的显示如图 2-31 所示。

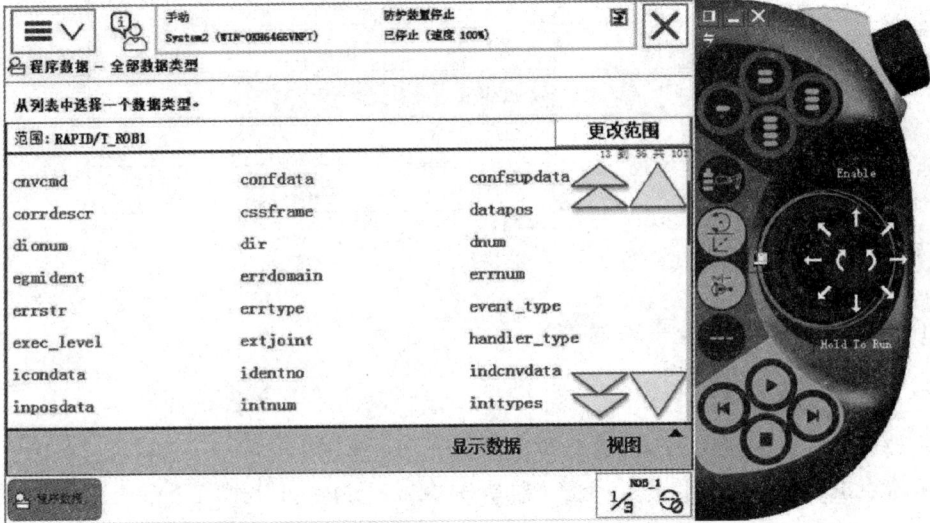

图 2-31　程序数据页面

2. 程序数据类型

程序数据可以根据不同的数据用途，定义为不同的数据类型。表 2-2 为机器人系统中常用程序数据类型。

表 2-2　常用程序数据类型

程序数据	说　　明
bool	布尔量
byte	整数数据 0~255
clock	计时数据
dionum	数字输入/输出信号
extjoint	外轴位置数据
intnum	中断标识符
jointtarget	关节位置数据
loaddata	负荷数据
mecunit	机械装置数据

续表

程序数据	说　　明
num	数值数据
orient	姿态数据
pos	位置数据(只有 X、Y 和 Z)
pose	坐标变换
robjoint	机器人轴角度数据
robtarget	机器人与外轴的位置数据
speeddata	机器人与外轴的速度数据
string	字符串
tooldata	工具数据
trapdata	中断数据
wobjdata	工件数据

六、知识拓展

(一) 配置示教器必要的操作环境

1. 设定示教器显示语言

示教器出厂时，默认显示语言为英语，为了方便操作，应把显示语言设定为中文。

依次点击触摸屏左上角的开始下拉菜单→ "Control Panel" → "Language" 菜单项，打开如图 2-32 所示的页面，选择 "Chinese"，点击 "OK" 按钮，在弹出的页面中选择 "YES" 按钮，重新启动系统。重启后，点击触摸屏左上角的开始下拉菜单，可以看到菜单切换成中文页面。

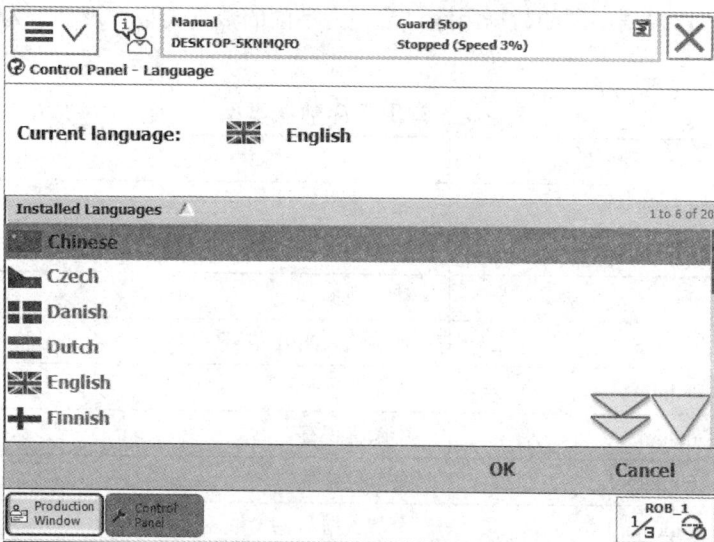

图 2-32　语言选择页面

2. 设定机器人系统时间

为了方便地进行文件管理、故障查阅与管理，在进行各种操作之前要将机器人系统的时间设定为本地区时间。

依次点击触摸屏左上角的开始下拉菜单→"控制面板"→"日期和时间"菜单项，打开如图 2-33 所示的页面，在此页面中可对时间与日期进行设定，修改完成后点击"确定"按钮即可。

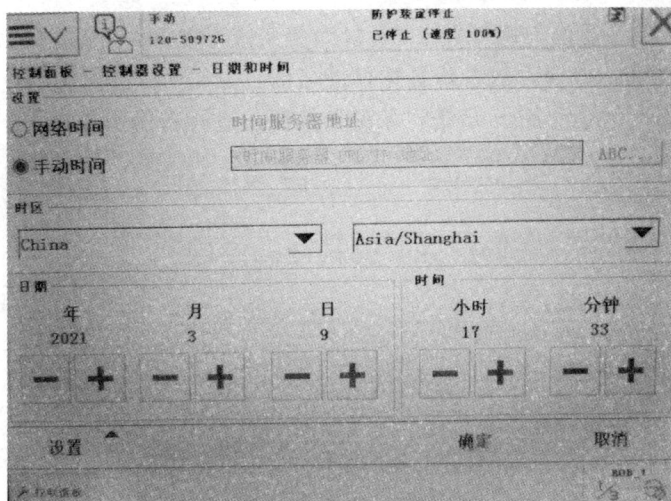

图 2-33　日期和时间设定页面

(二) 查看 ABB 工业机器人常用信息与事件日志

状态栏位于触摸屏顶部，包括以下五类信息：机器人状态(手动和自动)、机器人系统信息、机器人电机状态、机器人程序运行状态和当前机器人或外轴使用状态。通过状态栏可以查看 ABB 工业机器人常用信息；点击"状态栏"，可以查看机器人事件日志，如图 2-34 所示。

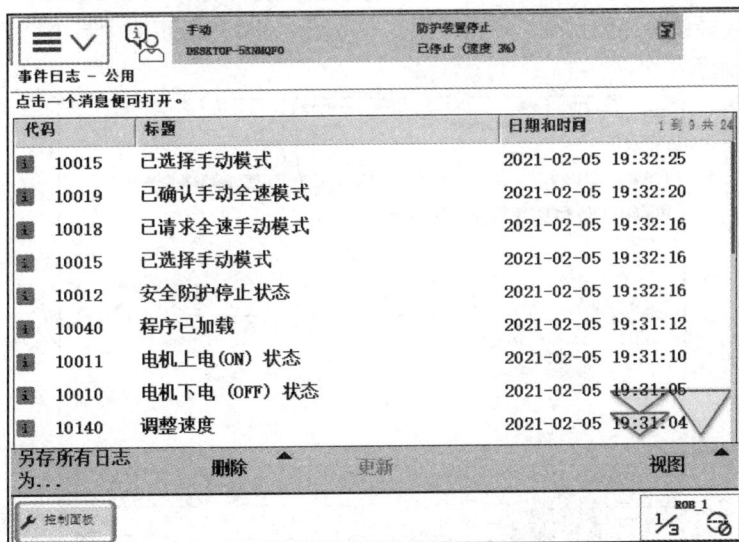

图 2-34　ABB 工业机器人常用信息与事件日志

(三) ABB 工业机器人数据备份与恢复

定期对 ABB 工业机器人的数据进行备份，是保证 ABB 工业机器人正常工作的良好习惯。ABB 工业机器人数据备份对象是所有正在系统内存运行的 RAPID 程序和系统参数。当机器人系统出现错乱或者重新安装新系统以后，可以通过备份快速地把机器人恢复到备份时状态。

1. 对 ABB 机器人数据进行备份

点击图 1-9 中的"备份与恢复"→"备份当前系统"按钮，打开如图 2-35 所示的页面。点击"ABC…"按钮，选择存放备份数据目录名称。点击"…"按钮，选择备份存放位置(机器人硬盘或 USB 存储设备)。点击"备份"按钮，进行备份操作，等待备份完成。

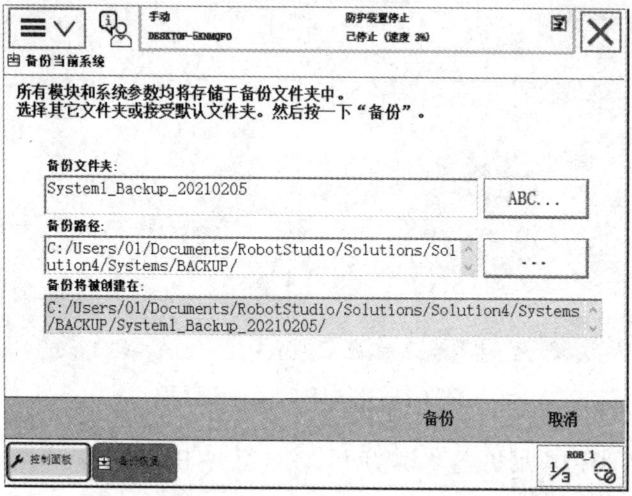

图 2-35　备份当前系统页面

2. 对 ABB 机器人数据进行恢复

点击图 1-9 中的"备份与恢复"→"恢复系统"按钮，打开如图 2-36 所示的页面。点击"…"按钮，选择备份存放目录。点击"恢复"按钮，在弹出的页面中点击"是"按钮，重新启动机器人控制器。

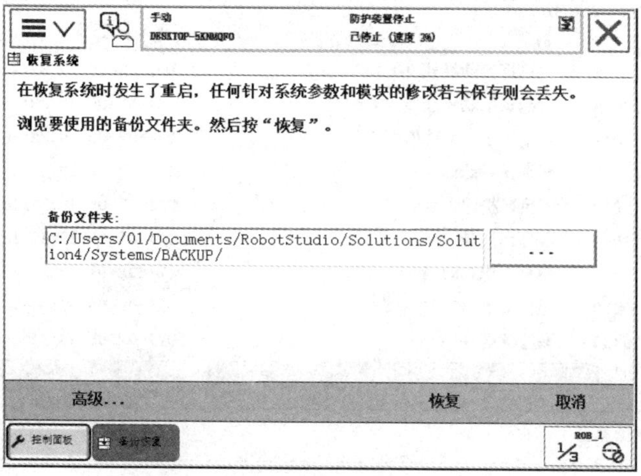

图 2-36　恢复系统页面

　　在进行恢复时，备份数据是具有唯一性的，不能将一台机器人的备份数据恢复到另一台机器人，否则会造成系统故障。但是，也常会将程序和 I/O 定义做成通用的备份数据，方便批量生产时使用。这时，可以通过分别单独导入程序和 EIO 文件的方式解决实际需要。

3. 单独导入程序操作

　　点击图 1-9 中的"程序编辑器"→"模块"按钮，打开如图 2-37 所示的页面，选择"程序模块"，点击"文件"→"加载模块…"按钮，从备份目录\RAPID 下加载所需要的程序模块。

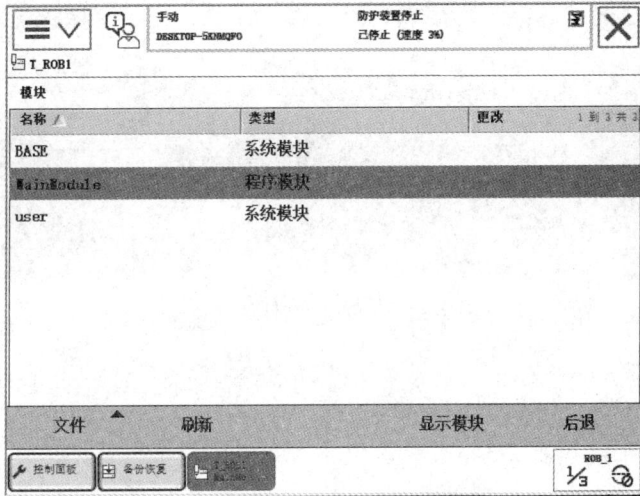

图 2-37　单独导入程序模块操作页面

4. 单独导入 EIO 文件操作

　　点击图 1-9 中的"控制面板"→"配置"按钮，进入如图 2-38 所示的配置页面。点击"文件"按钮，点击"加载参数"→"加载"按钮，进入 EIO.cfg 文件加载页面，如图 2-39 所示。在备份目录\SYSPAR 找到 EIO.cfg 文件，点击"确定"按钮，在弹出的页面中点击"是"按钮，重启后完成 EIO 文件的导入操作。

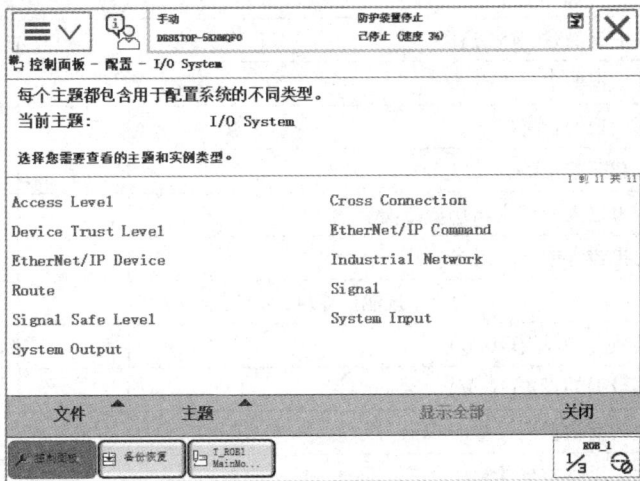

图 2-38　配置页面

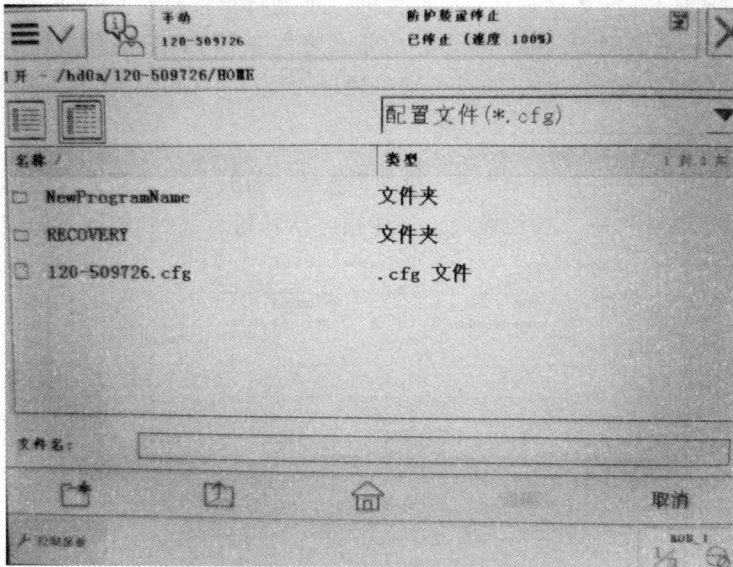

图 2-39 EIO.cfg 文件加载页面

七、评价反馈

学习完本项目后，填表 2-3。

表 2-3 评 价 表

序号	评 估 内 容	自评	互评	师评
基本素养(30 分)				
1	纪律(无迟到、早退、旷课)(10 分)			
2	安全规范操作(10 分)			
3	团结协作能力、沟通能力(10 分)			
理论知识(30 分)				
1	工具数据的含义(5 分)			
2	工件数据的含义(5 分)			
3	坐标变换的含义(5 分)			
4	有效载荷数据的含义(5 分)			
5	工业机器人的定义与历史(5 分)			
6	工业机器人的分类(5 分)			
技能操作(40 分)				
1	工具数据的设置(10 分)			
2	工件数据的设置(10 分)			
3	有效载荷数据的设置(10 分)			
4	工具、工件数据的检验(10 分)			
综 合 评 价				

练 习 题

1. 填空题

(1) 程序数据按存储类型分为_____、_____、_____。

(2) 工具数据测试有_____、_____、_____三种方法。

(3) 可以在_____查看机器人发生的报警信息。

(4) 当工业机器人安装新夹具后必须重新定义_____，否则会影响机器人的稳定运行。

(5) 工件坐标系原点位于_____上，坐标系的方向根据客户需要任意定义。

2. 选择题

(1) 为工业机器人当前所装工具建立____，将机器人的控制点转移到工具末端，方便手动操纵和编程调试。

A. 基坐标系   B. 大地坐标系

C. 工具坐标系   D. 工件坐标系

(2) 出厂情况下机器人工具坐标系原点在____。

A. 机器人底座中心   B. 机器人外部某一个点

C. 机器人六轴关节处   D. 机器人六轴法兰盘中心

(3) 以下坐标系可以由用户创建的是____。

① 基坐标系   ② 工件坐标系   ③ 工具坐标系   ④ 轴坐标系

A. ①②③④   B. ②③   C. ①②③   D. ①③④

(4) TCP 表示工业机器人手腕上工具的____，用来反映工具的坐标值。

A. 中心点   B. 附加点   C. 上方点   D. 碰撞点

(5) 创建工件坐标系时可以使用____方法进行工件坐标系标定。

A. 四点和六点   B. 三点   C. 五点   D. 九点

3. 判断题

(1) TCP 又称工具中心点，是为了保证机器人程序和位置的重复执行而引入的。 （　　）

(2) 机器人的 TCP 必须定义在安装在机器人法兰上的工具上。 （　　）

(3) 一般可以根据实际情况，定义一个或者多个工件坐标系。 （　　）

(4) 工具坐标系又称用户坐标系，是以基坐标系为参考建立的坐标系。 （　　）

(5) 绝大多数机器人在默认情况下，基坐标与大地坐标是重合的。 （　　）

4. 操作题

测试图 2-1 所示吸盘工具数据及左下角平台工件数据。

项目三　ABB 工业机器人下料切割编程与操作

一、学习目标

(1) 了解工业机器人程序的概念。

(2) 了解程序模块、例行程序、RAPID 程序和程序编辑器。

(3) 掌握工业机器人 MoveJ、MoveL、MoveC 等指令。

(4) 掌握通过程序数据新建点数据的方法。

(5) 能根据具体任务进行工业机器人的任务规划、运动规划、路径规划和程序流程图制定。

(6) 能灵活运用工业机器人相关编程指令，可使用示教器手动完成轨迹任务示教。

(7) 能完成轨迹程序调试并自动运行。

(8) 能够独立将工业机器人轨迹任务应用于实际生产中。

二、工作任务

(一) 任务描述

图 3-1 为 ABB 工业机器人工作台示意图。某企业采用串联型六轴机器人实现三角形零件坯料连续自动下料切割，图形切割轨迹如图 3-1 所示。请根据图示轨迹，示教编程完成 ABB 工业机器人运行路径，激光切割头以工具笔代替。分析 ABB 工业机器人运行轨迹和操作流程，对其进行轨迹示教操作与编程，并通过现场操作方式完成三角形零件坯料的下料切割。

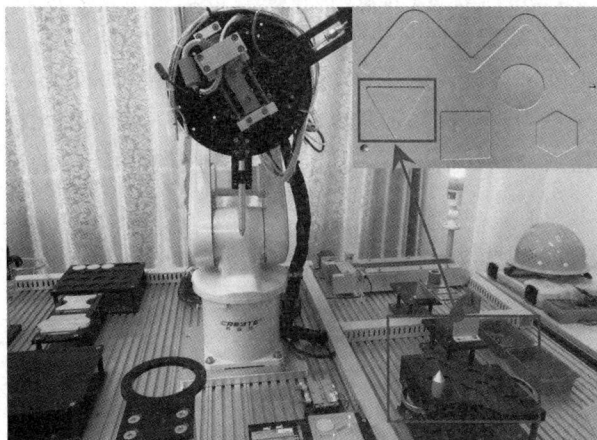

图 3-1　ABB 工业机器人工作台和三角形零件坯料切割轨迹示意图

（二）所需设备和材料

本任务所需设备为 ABB 工业机器人工作台，如图 3-1 所示。

（三）技术要求

(1) 示教模式下机器人速度百分比不超过 10 %，自动模式下机器人速度百分比不超过 25 %，为安全起见，通常选用较低的速度。

(2) 机器人与周围任何物体间不得有干涉。

(3) 示教器不得随意放置，不得跌落，以免损坏触摸屏。

(4) 不能损坏工具笔和仿真平台。

(5) 工具笔工具测量误差不能大于 1 mm，工具轨迹高度控制在 5 mm 以内。

三、知识储备

（一）运动指令

ABB 工业机器人运动指令分为 4 种：关节运动 MoveJ 指令、直线运动 MoveL 指令、圆弧运动 MoveC 指令和绝对位置运动 MoveAbsJ 指令。

1. 关节运动 MoveJ 指令

关节运动指令是在机器人对运动路径精度要求不高，运动空间范围相对较大，不易发生碰撞情况下，机器人工具中心点 TCP 从一个位置移动到另外一个位置的运动。两个位置之间路径不一定是直线，但是需要避免机器人在运动过程中出现关节轴进入机械"死点"的问题。图 3-2 所示为机器人关节运动即 MoveJ 指令运动示意图。

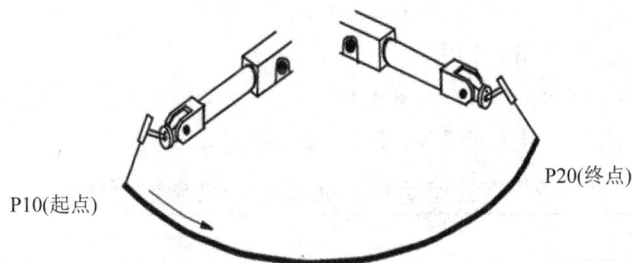

图 3-2　关节运动示意图

关节运动 MoveJ 指令格式如下：

```
MoveJ P10,v1000,z10,tool1\WObj:=wobj1;
```

关节运动 MoveJ 指令中各参数的含义如表 3-1 所示。

表 3-1　关节运动 MoveJ 指令中各参数的含义

指令参数	含　义	指　令　说　明
MoveJ	关节运动指令	定义机器人运动轨迹
P10	目标点位置数据	定义机器人 TCP 的运动目标，可以在示教器中点击"修改位置"进行修改
v1000	运动速度数据	定义速度，单位是 mm/s，一般最高限速为 5000mm/s
z10	转弯区数据	定义转弯区大小，单位是 mm，转弯区数值越大，机器人动作路径就越圆滑、流畅
tool1	工具坐标数据	定义当前指令使用的工具坐标
wobj1	工件坐标数据	定义当前指令使用的工件坐标

2. 直线运动 MoveL 指令

在切割、涂胶等典型应用中，机器人运动轨迹是相对固定的直线轨迹，工作范围内运动空间有限，运动路径精度要求高，运动轨迹要求精准。线性运动指令可以使其机器人工具中心点 TCP 从起点到终点之间路径始终保持为直线。此指令使用在对路径要求较高的场合。如图 3-3 所示为机器人直线运动即 MoveL 指令运动示意图。

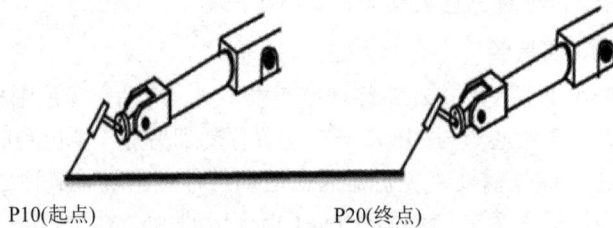

P10(起点)　　　　　　　　　P20(终点)

图 3-3　直线运动示意图

直线运动 MoveL 指令格式如下：

　　MoveL P20,v1000,z10,tool1\WObj:=wobj1;

直线运动 MoveL 指令中各参数的含义如表 3-2 所示。

表 3-2　直线运动 MoveL 指令中各参数的含义

指令参数	含　义	指　令　说　明
MoveL	直线运动指令	定义机器人运动轨迹
P10	目标点位置数据	定义机器人 TCP 的运动目标，可以在示教器中点击"修改位置"进行修改
v1000	运动速度数据	定义速度，单位是 mm/s，一般最高限速为 5000 mm/s
z10	转弯区数据	定义转弯区的大小，单位是 mm，转弯区数值越大，机器人的动作路径就越圆滑、流畅
tool1	工具坐标数据	定义当前指令使用的工具坐标
wobj1	工件坐标数据	定义当前指令使用的工件坐标

下面给出关节运动和直线运动指令示例。

如图 3-4 所示的机器人运动轨迹中，机器人从当前位置 P1 点以线性运动方式前进，速度为 200 mm/s，转弯区数据是 10 mm，即距离 P1 点 10 mm 开始转弯，转向 P2 点方向，以线性方式继续前进，速度为 100 mm/s，转弯区数据是 fine，即机器人在 P2 点稍作停顿，继续以关节运动方式前进，速度 500 mm/s，机器人在 P3 点停止。机器人在运动过程中，使用工具坐标数据为 tool1，工件坐标系数据为 wobj1。

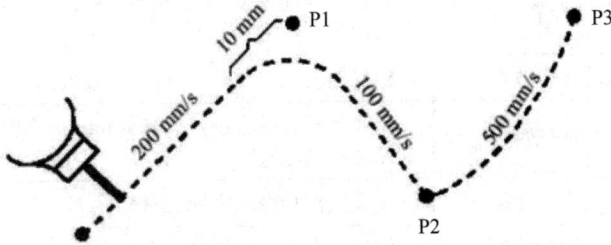

图 3-4　机器人运动轨迹

示教程序如下：

MoveL P1,v200,z10,tool1\WObj:=wobj1;

MoveL P2,v100,fine,tool1\WObj:=wobj1;

MoveJ P3,v500,fine,tool1\WObj:=wobj1;

3. 圆弧运动 MoveC 指令

圆弧路径是在机器人可到达的空间范围内定义三个位置点，第一个点是圆弧起点，第二个点用于圆弧曲率的确定，第三个点是圆弧终点。图 3-5 所示为机器人圆弧运动即 MoveC 指令运动示意图。

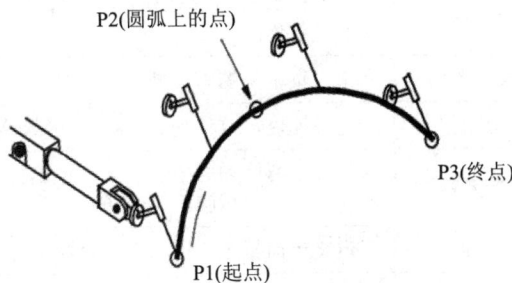

图 3-5　圆弧运动示意图

圆弧运动 MoveC 指令格式如下：

MoveL P1,v1000,z10,tool1\WObj:=wobj1;

MoveC P2,P3,v1000,z10,tool1\WObj:=wobj1;

圆弧运动 MoveC 指令中各参数的含义如表 3-3 所示。

表 3-3　圆弧运动 MoveC 指令中各参数的含义

指令参数	含　义	指　令　说　明
P1	目标点位置数据	机器人当前位置 P1 点作为圆弧起点，可以在示教器中点击"修改位置"进行修改
MoveC	圆弧运动指令	定义机器人运动轨迹
P2	目标点位置数据	P2 点为圆弧上的一点，可以在示教器中点击"修改位置"进行修改
P3	目标点位置数据	机器人当前位置 P3 点作为圆弧终点，可以在示教器中点击"修改位置"进行修改
v1000	运动速度数据	定义速度，单位是 mm/s，一般最高限速为 5000 mm/s
z10	转弯区数据	定义转弯区的大小，单位是 mm，转弯区数值越大，机器人动作路径就越圆滑、流畅
tool1	工具坐标数据	定义当前指令使用的工具坐标
wobj1	工件坐标数据	定义当前指令使用的工件坐标

4. 绝对位置运动 MoveAbsJ 指令

绝对位置运动指令可使机器人运动时使用六个轴和外轴角度值定义目标位置数据，常用于机器人六个轴回到机械零点(0°)位置。

绝对位置运动 MoveAbsJ 指令格式如下：

　　MoveAbsJ *\NoEOffs,v1000,z10,tool1\WObj:=wobj1;

　　MoveC P2,P3,v1000,z10,tool1\WObj:=wobj1;

绝对位置运动 MoveAbsJ 指令中各参数的含义如表 3-4 所示。

表 3-4　绝对位置运动 MoveAbsJ 指令中各参数的含义

指令参数	含义	指　令　说　明
MoveAbsJ	绝对位置运动指令	定义机器人运动轨迹
*	目标点位置数据	定义机器人 TCP 运动目标，可以在示教器中点击"修改位置"进行修改
\NoEOffs	外轴不带偏移数据	指六轴以外的附加轴
v1000	运动速度数据	定义速度，单位是 mm/s，一般最高限速为 5000 mm/s
z10	转弯区数据	定义转弯区的大小，单位是 mm，转弯区数值越大，机器人的动作路径就越圆滑、流畅
tool1	工具坐标数据	定义当前指令使用的工具坐标
wobj1	工件坐标数据	定义当前指令使用的工件坐标

(二) 程序模块与例行程序

1. 程序模块

程序模块用于对程序进行分类。程序模块操作页面用于对任务模块进行创建、编辑和删除等操作，如图 3-6 所示。

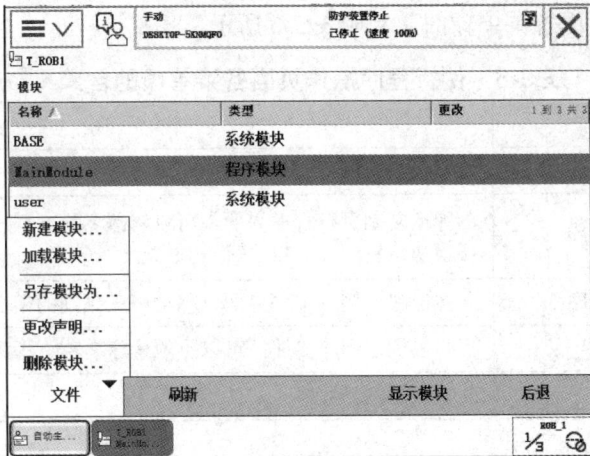

图 3-6 程序模块操作页面

程序模块操作页面各菜单项的含义如表 3-5 所示。

表 3-5 程序模块操作页面各菜单项的含义

序号	图 例	说 明
1	新建模块…	建立一个新模块，可以为程序模块，也可以为系统模块，默认选择程序模块
2	加载模块…	通过外部 USB 存储设备加载程序模块
3	另存模块为…	保存当前程序模块，可以保存至控制器，也可以保存至外部 USB 存储设备
4	更改声明…	通过更改声明可以更改模块名称和类型
5	删除模块…	删除当前模块，该操作不可逆，谨慎使用

2. 例行程序

例行程序用于完成某个子任务的程序编辑。例行程序操作页面用于对例行程序进行创建、编辑、删除等操作，如图 3-7 所示。

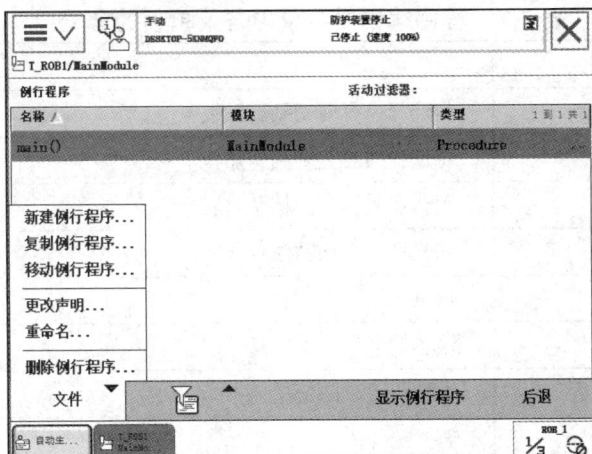

图 3-7 例行程序操作页面

例行程序操作页面各菜单项的含义如表 3-6 所示。

表 3-6　例行程序操作页面各菜单项的含义

序号	图　例	说　明
1	新建例行程序…	弹出新建例行程序界面，可以修改名称、程序类型
2	复制例行程序…	弹出复制例行程序界面，可以修改名称、程序类型，复制程序所在模块位置
3	移动例行程序…	弹出移动例行程序界面，移动程序到别的模块
4	更改声明…	弹出例行程序界面，可以更改程序名称、程序参数、所在模块
5	重命名…	重命名例行程序

(三) 程序编辑器菜单

程序编辑器菜单中的编辑项主要用于对程序进行修改，如复制、剪切、粘贴等操作，如图 3-8 所示。程序编辑器菜单中各菜单项的含义如表 3-7 所示。

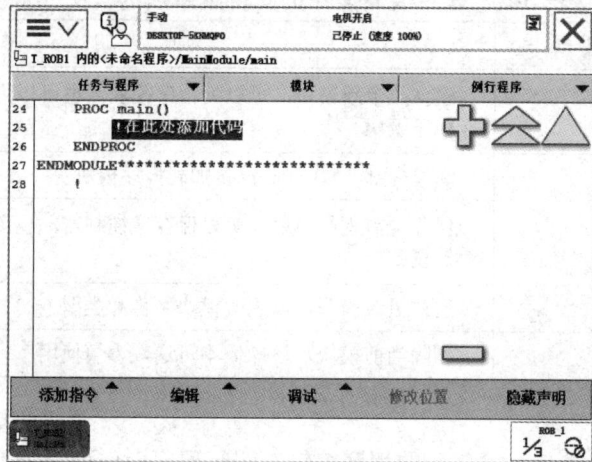

图 3-8　程序编辑器菜单

表 3-7　程序编辑器菜单中各菜单项的含义

序号	菜单项	说　明
1	剪切	将选择内容剪切到剪贴板
2	复制	将选择内容复制到剪贴板
3	粘贴	默认在光标下面粘贴内容
4	在上面粘贴	在光标上面粘贴内容
5	至顶部	滚页到第一页
6	至底部	滚页到最后一页
7	更改选择内容…	弹出待更改的变量
8	删除	删除选择内容
9	ABC…	弹出键盘，可以直接进行指令编辑修改

序号	图　例	说　明
10	更改为 MoveL	将 MoveJ 指令变更为 MoveL，将 MoveL 指令变更为 MoveJ
11	备注行	将选择内容改为注释，且不被程序执行
12	撤销	撤销当前操作，最多可撤销 3 步
13	重做	恢复当前操作，最多可恢复 3 步
14	编辑	可以进行多行选择

四、实践操作

(一) 运动规划和程序流程图的制定

1. 运动规划

要完成轨迹程序示教编程，首先要进行运动规划，即要进行任务规划、动作规划和路径规划，如图 3-9 所示。

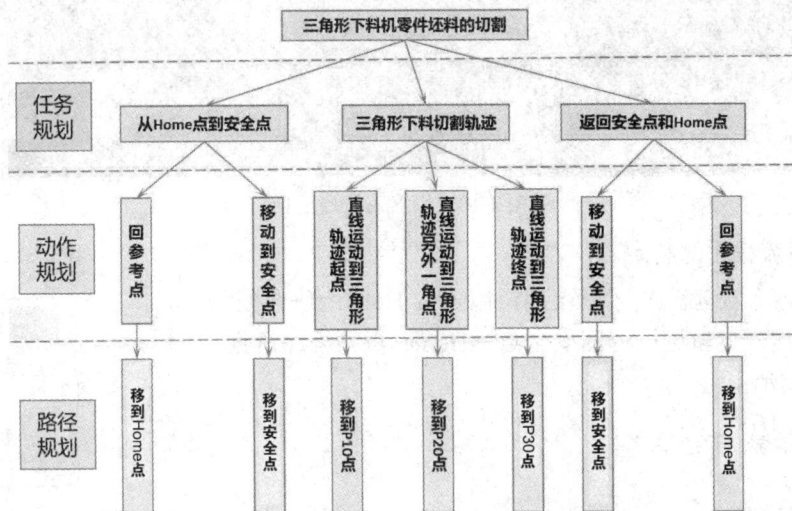

图 3-9　三角形零件坯料下料轨迹运动规划

(1) 任务规划。本项目要完成的任务是机器人执行三角形轨迹。机器人轨迹动作可分解为从 Home 点运动到安全点、走轨迹、从安全点返回 Home 点三个任务。

(2) 动作规划。每一个任务分解为机器人的一系列动作。机器人首先从 Home 点，途经安全点，到直线运动轨迹起点 P10；然后从 P10 点直线运动到 P20 点和 P30 点，再返回 P10 点；再从 P10 点途经安全点，返回至 Home 点，从而结束轨迹运动。

(3) 路径规划。路径规划是将每一个动作分解为机器人 TCP 运动轨迹。考虑到机器人姿态以及机器人与周围设备的干涉，每一个动作需要对应有一个或多个点来形成运动轨迹，如图 3-10 所示。

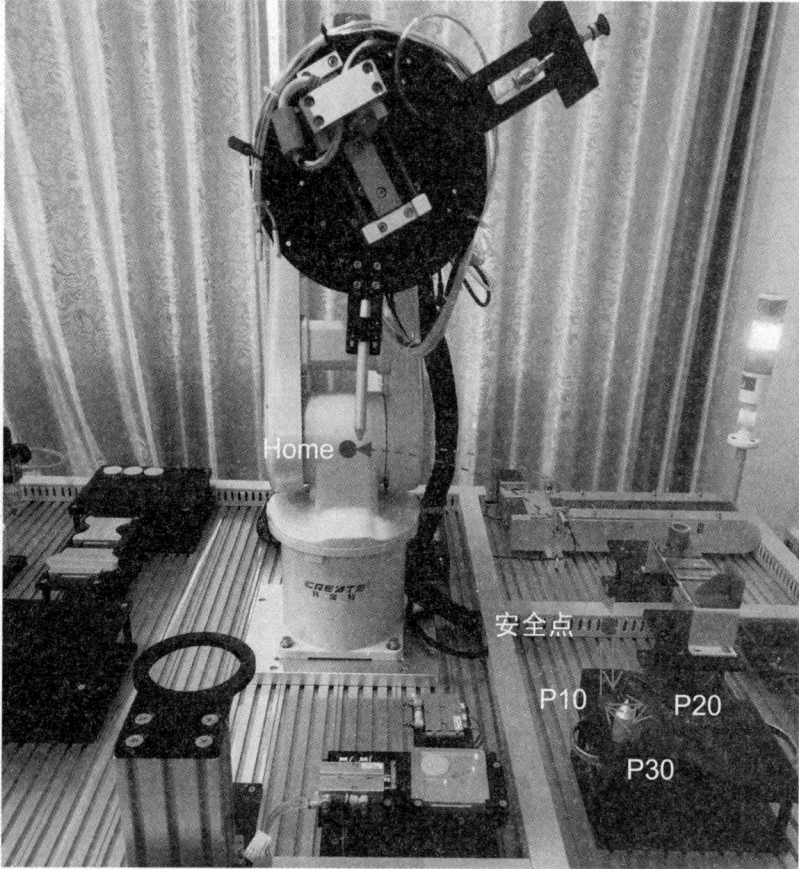

图 3-10　机器人轨迹规划

2. 程序流程图的制定

工业机器人轨迹程序的整个工作流程为：Home 点→安全点→轨迹起点→走轨迹→返回安全点→Home 点。程序流程图如图 3-11 所示。

（二）示教前的准备

1. 运动模式

ABB 工业机器人有四种运动模式：轴 1-3 运动模式、轴 4-6 运动模式、线性运动运动模式和重定位运动模式。选定轴 1-3 运动模式，可以手动控制机器人操作摇杆，控制机器人做轴 1-3 单关节运动；选定轴 4-6 运动模式，可以手动控制机器人操作摇杆，控制机器人做轴 4-6 单关节运动；选定线性运动运动模式，可以手动控制机器人操作摇杆，控制机器人做 XYZ 方向的线性运动；选定重定位运动模式，可以手动控制机器人绕着工具坐标系原点做重定位运动。本项目选择轴 1-3、轴 4-6、线性运动三种运动模式组合进行机器人示教编程。

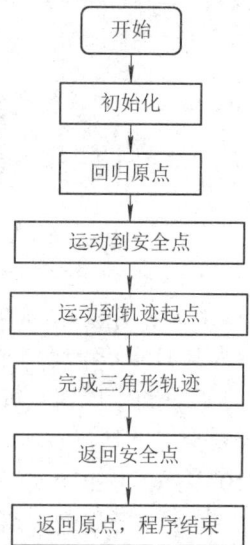

图 3-11　程序流程图

2. 坐标系

ABB机器人有四种坐标系：大地坐标系、基坐标系、工具坐标系和工件坐标系，可以手动控制机器人在相应坐标系下运动。本项目工具坐标系和工件坐标系分别选择在项目二中已测试过的tool1和wobj1。

3. 增量与速度

ABB机器人有五种增量式手动运动模式：无、小、中、大和用户自定义增量模式。本项目增量模式为"无"。为安全起见，手动操作时速度百分比设定通常选用较低速度，一般选择10%或更低。

在示教过程中，需要在一定的坐标系、运动模式和操作速度下手动控制机器人达到目标位置，因此在示教运动指令前，必须预先选定好坐标系、运动模式和速度。

(三) 新建程序

程序是机器人执行某种任务而设置的动作顺序的描述，保存了机器人运动轨迹所需的指令和数据。新建程序的步骤如下：

(1) 点击示教器触摸屏左上角的开始下拉菜单，在示教器主界面(见图1-9)中选择"程序编辑器"，进入主程序编辑页面，如图3-12所示，系统会自动进入默认的MainModule模块，并默认为主程序main页面，新建NewProgramName程序。操作者可以新建模块以及程序，或者直接使用默认主程序进行编程。

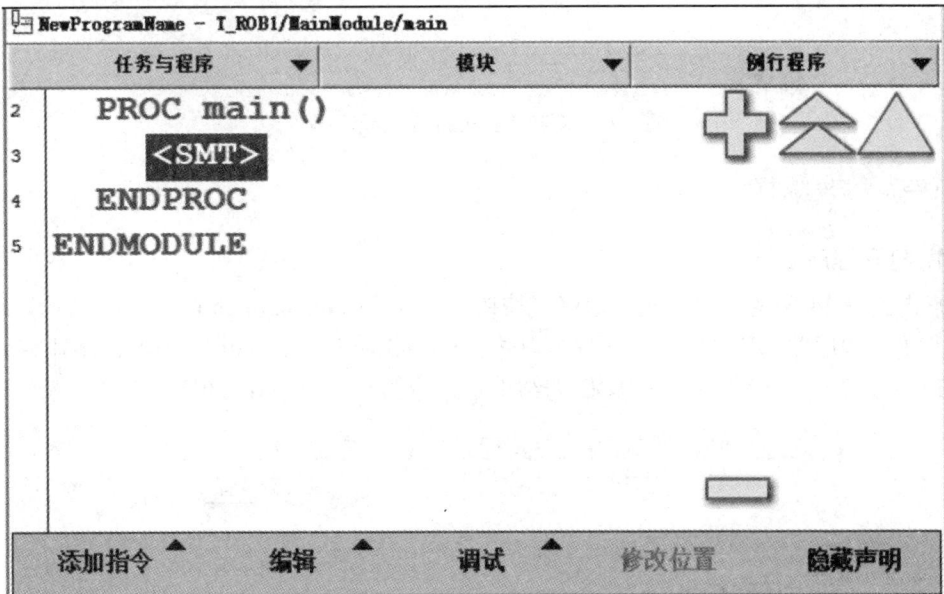

图3-12　主程序编辑页面

(2) 点击图3-12中的"任务与程序"按钮，进入任务与程序编辑页面。点击"文件"→"新建模块"按钮，新建"Module1模块"，如图3-13所示。点击"显示模块"按钮，在打开的页面中点击"文件"→"新建例行程序"按钮，新建程序并命名为"sanjiaoxingguiji"，结果如图3-14所示。

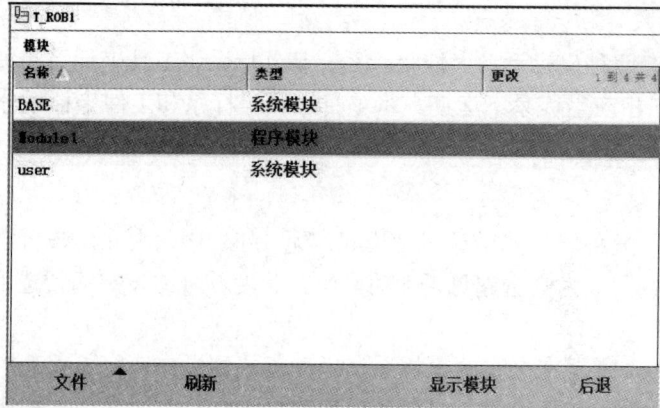

图 3-13 新建"Module1"模块

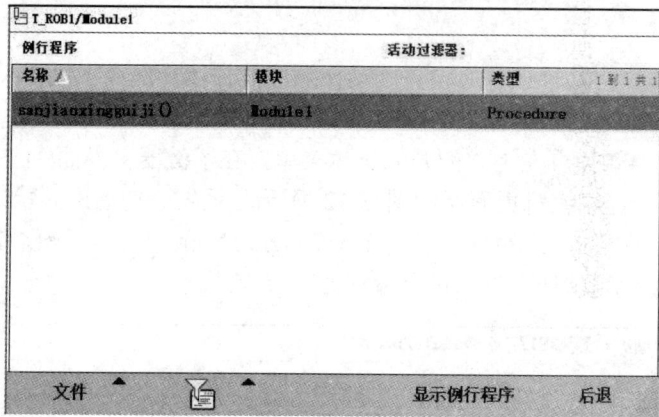

图 3-14 新建"sanjiaoxingguiji"程序

(四) 示教编程

1. 打开程序

点击图 3-14 中的"显示例行程序"按钮，进入"sanjiaoxingguiji"程序编辑器，如图 3-15 所示。程序编辑器中有 4 行程序，其中，PROC sanjiaoxingguiji( )为本程序开始语句，<SMT>为程序编辑区域，ENDPROC 为结束本程序语句，ENDMODULE 为结束模块语句。

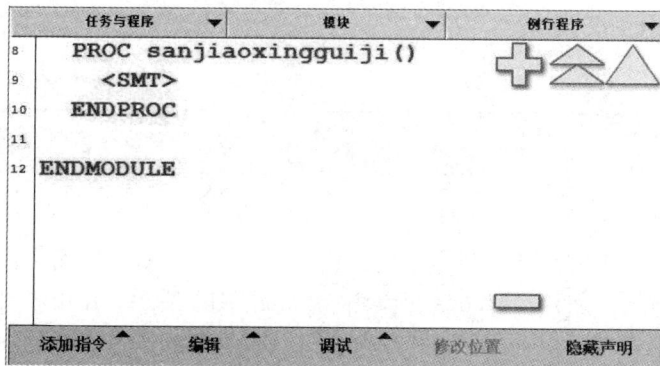

图 3-15 打开"sanjiaoxingguiji"程序编辑器

2. 所需点位数据建立与示教

根据前述动作规划，所需新建点位信息有 Home 点、安全点 safepoint 和三角形轨迹点 P10、P20、P30，共 5 个点位信息。

(1) 点击图 1-9 中的"程序数据"按钮，选择"robtarget"，打开点位信息编辑页面，如图 3-16 所示。如果"robtarget"不在当前窗口，则点击图 3-17 右下角的"视图"按钮，选择"所有视图"，通过翻页查找到"robtarget"。

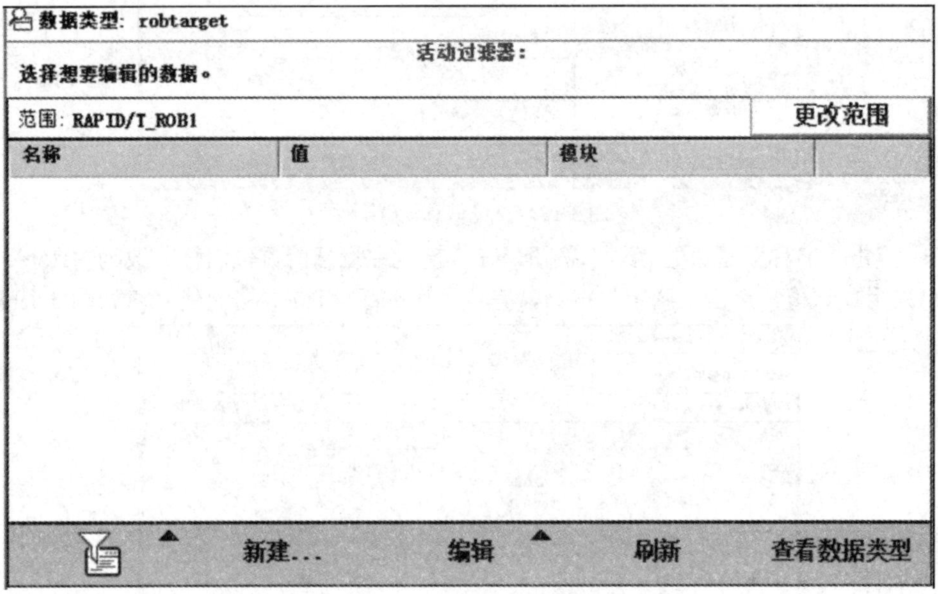

图 3-16 点位信息编辑页面

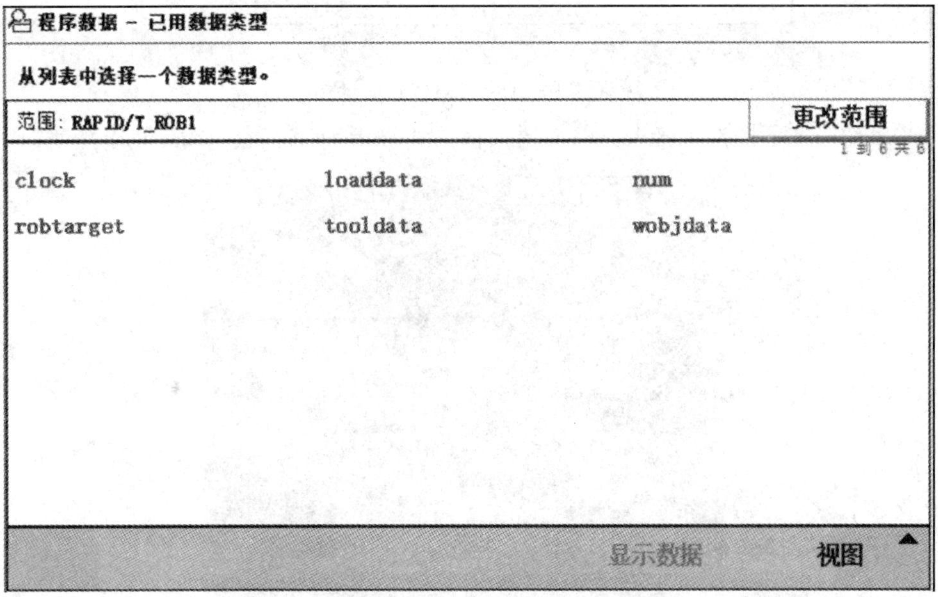

图 3-17 "程序数据"页面

(2) 点击图 3-16 中的"新建…"按钮，弹出点位信息设置页面，如图 3-18 所示。

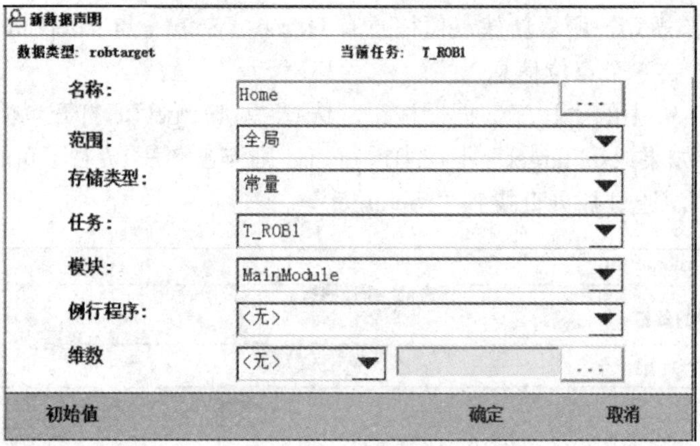

图 3-18　点位信息设置页面

(3) 点击"名称"右边的"…"按钮，在软键盘中将当前点位名称修改为"Home"，其他信息采用默认值，点击"确定"按钮，完成"Home"点位数据的建立，如图 3-19 所示。

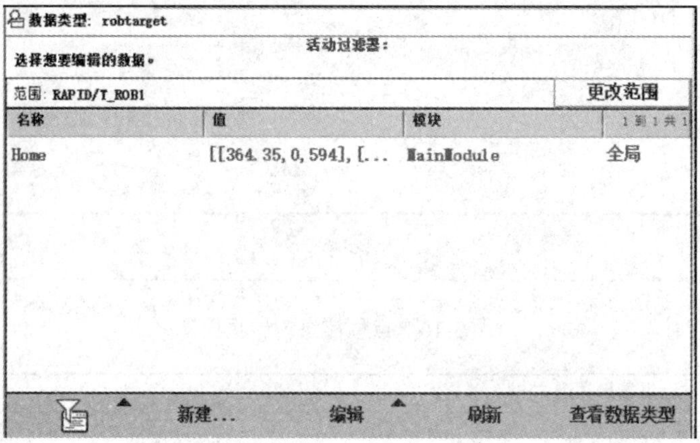

图 3-19　Home 点位数据建立

(4) 手动模式下操作机器人，将机器人移动到 Home 点位置，如图 3-20 所示。

图 3-20　将机器人移动到 Home 点位置

(5) 选择图 3-19 中的"Home"所在行，点击"编辑"→"修改位置"按钮，将此时机器人的实际位置示教到"Home"点，如图 3-21 所示。

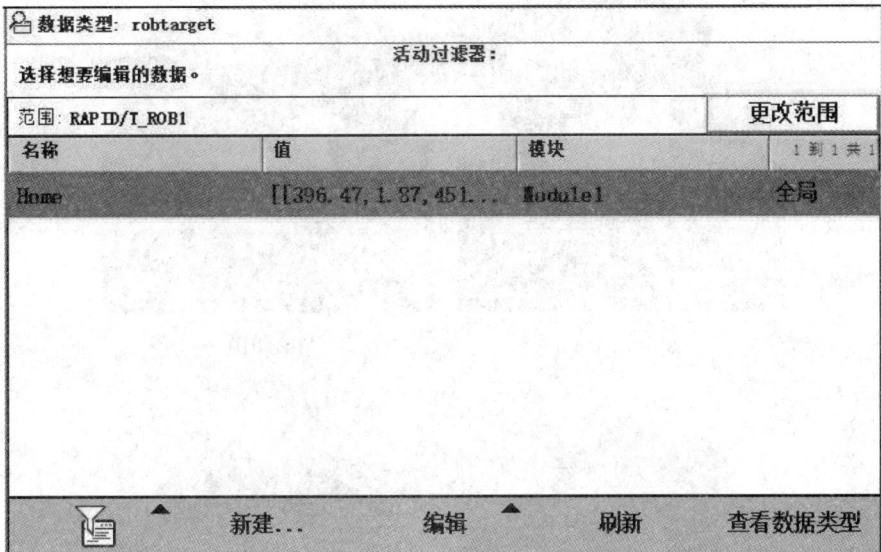

图 3-21 Home 点位置修改过程

(6) 重复上述步骤，新建其他 4 个点位数据："safepoint""P10""P20"和"P30"，如图 3-22 所示。

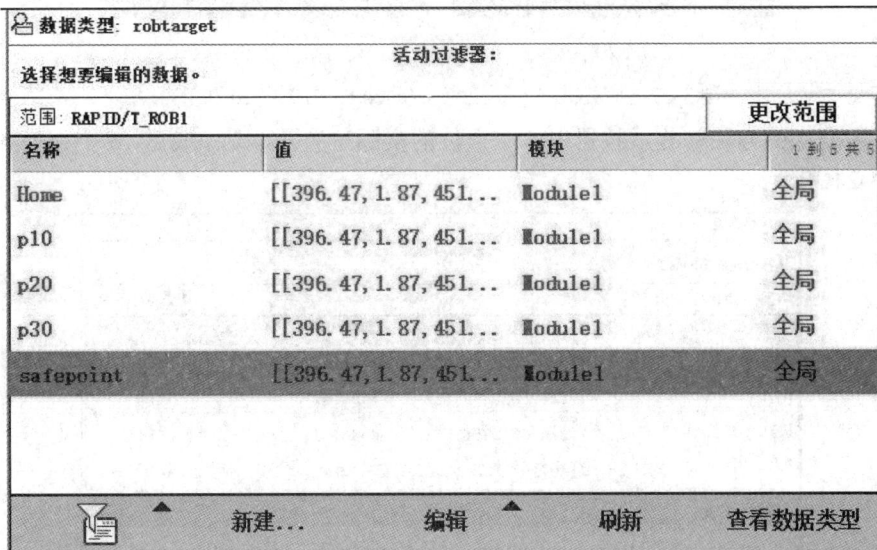

图 3-22 程序所需点位数据

(7) 手动模式下操作机器人，将机器人移动到 4 个点位信息对应的实际位置，如图 3-23 所示。

(a) safepoint　　　　　　　　　　(b) P10

(c) P20　　　　　　　　　　(d) P30

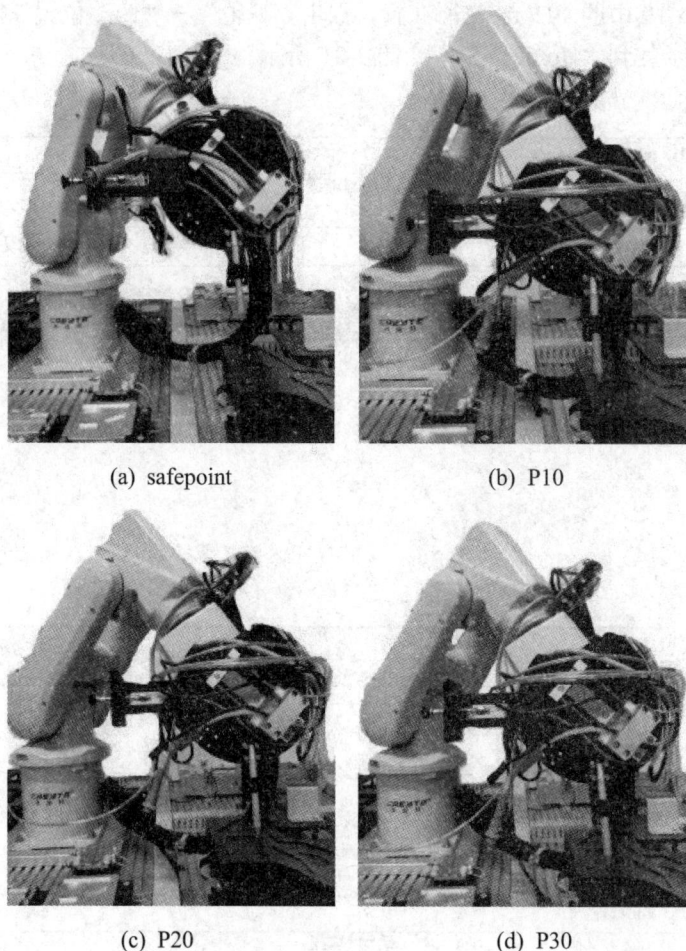

图 3-23　示教机器人轨迹点 safepoint、P10、P20 和 P30

（8）用同样的方法修改示教器中 4 个点位的实际位置。修改完成后，5 个点位的实际数据如图 3-24 所示。

图 3-24　5 个点位的实际数据

3. 三角形零件轨迹程序编制

(1) 再次进入图 3-15 所示程序编辑器，点击左下角的"添加指令"按钮，在屏幕右侧指令弹出菜单中选择 Common 指令集的"MoveJ"指令，添加机器人返回"Home"点指令，结果如图 3-25 所示。

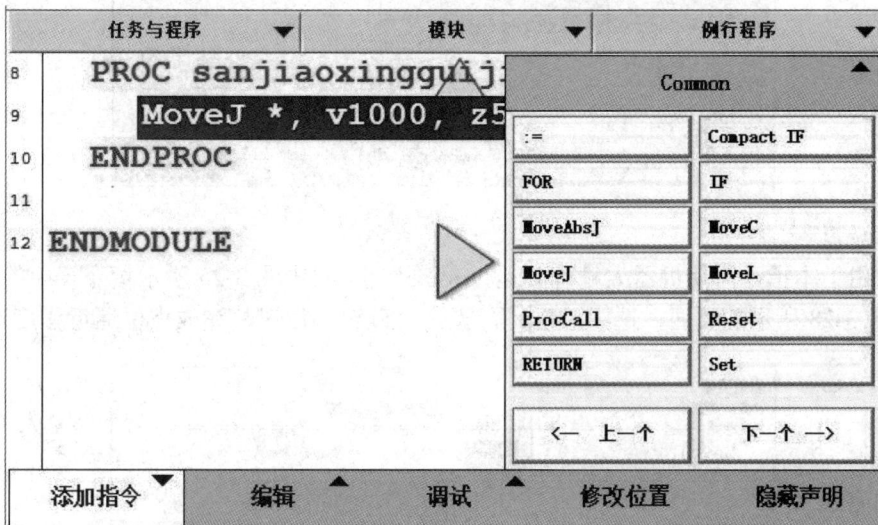

图 3-25　添加机器人返回"Home"点的"MoveJ"指令

(2) 双击图 3-25 所示指令行中的"*"号，进入图 3-26，选中已创建点"Home"，点击"确定"按钮，完成点位选择。

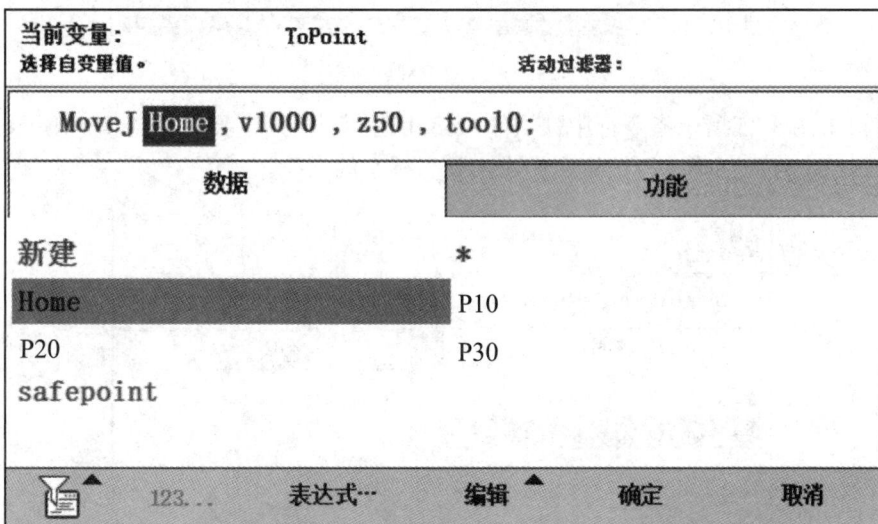

图 3-26　"Home"点位选择

(3) 双击图 3-25 所示指令行中的"v1000"，弹出速度设置页面，如图 3-27 所示，选择低速率"v100"，点击"确定"按钮，完成速度更改。

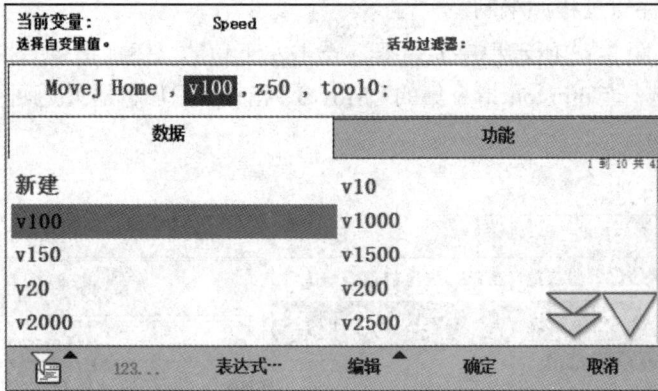

图 3-27　速度设置页面

(4) 由于本指令需使机器人精确到达"Home"点，双击图 3-25 所示指令行中的"z50"，弹出如图 3-28 所示的页面，选中"fine"，点击"确定"按钮，完成点位逼近程度选择。

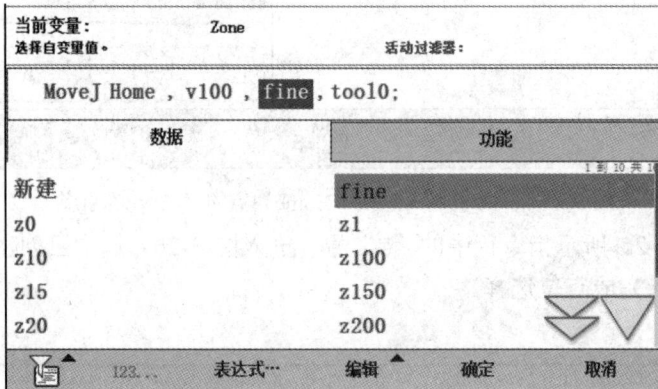

图 3-28　点位逼近程度选择页面

(5) 双击图 3-25 所示指令行中默认的"tool0"工具坐标系，弹出如图 3-29 所示的页面，选中"tool1"，点击"确定"按钮，完成工具坐标系的切换。

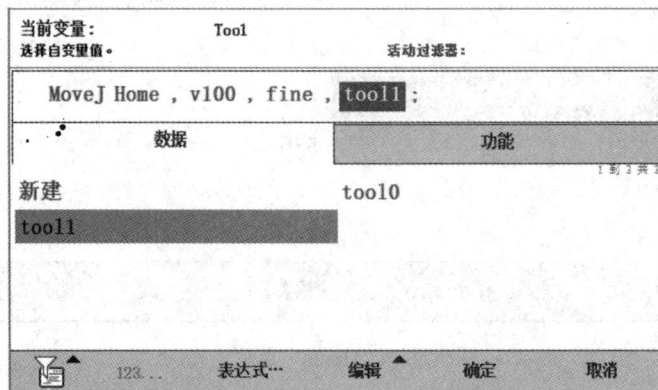

图 3-29　工具坐标系切换为 tool1

(6) 按照前文所述轨迹规划，用同样的方法添加"MoveJ"指令，使工具 TCP 运行至"safepoint"点。由于该点不需要较高的精度，因此逼近程序选择"z50"，速度和工具坐标系不变，结果如图 3-30 所示。

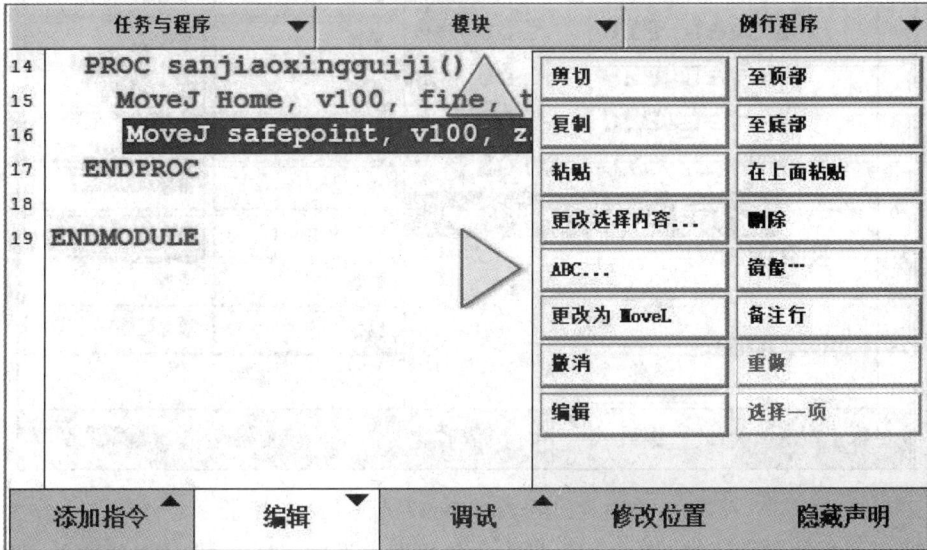

图 3-30 添加至"safepoint"点的"MoveJ"指令

(7) 添加"MoveL"指令，使工具 TCP 运行至"P10"点。由于切割下料点要求精准，因此逼近程序选择"fine"，速度和工具坐标系不变。同样地，添加点"P20""P30"以及返回点"P10"的"MoveL"指令，结果如图 3-31 所示。

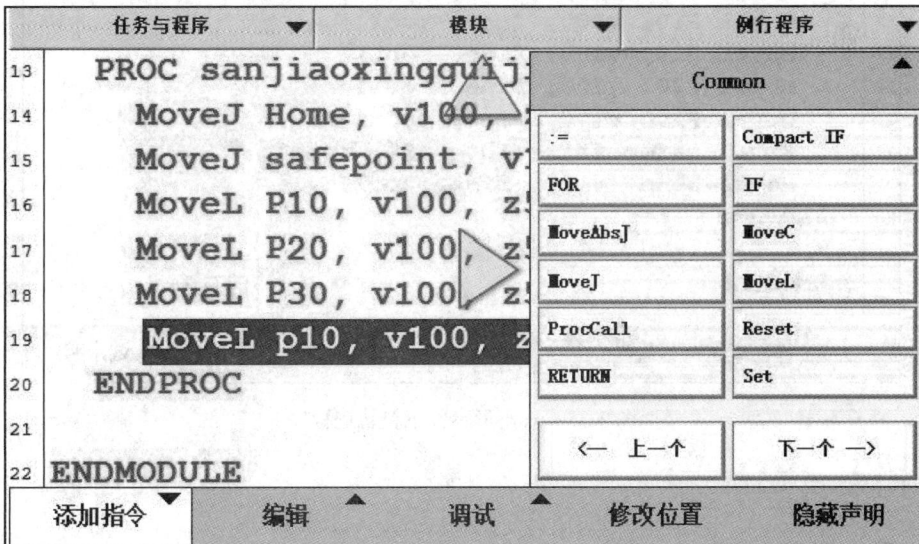

图 3-31 三角形轨迹中点"P20""P30"以及返回点"P10"的"MoveL"指令添加

(8) 点击图 3-30 中"safepoint"点所在指令行，点击"编辑"按钮，在弹出的菜单中选择"复制"按钮，点击图 3-31 中最下一行"P10"点所在指令行，点击屏幕右侧的"粘贴"按钮，切割完成后使工具 TCP 运行至"safepoint"点，结果如图 3-32 所示。

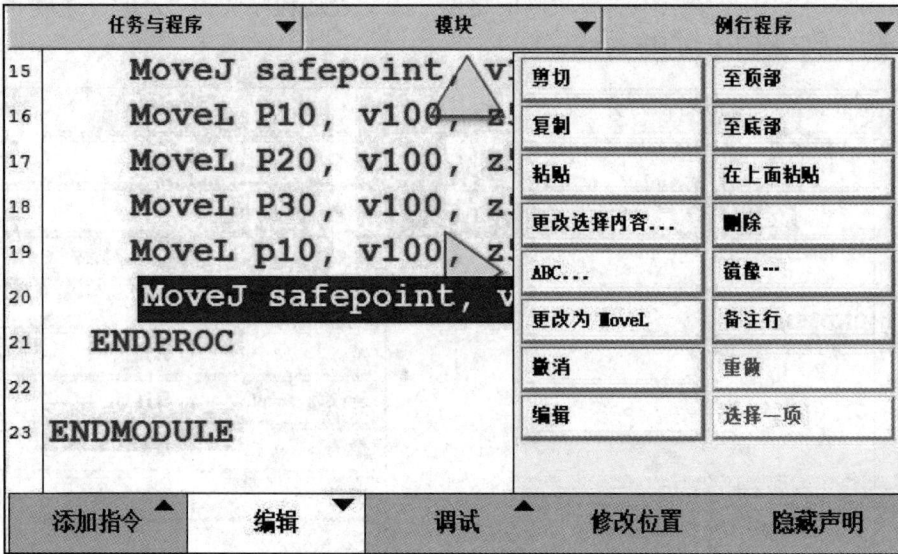

任务与程序 ▼	模块 ▼	例行程序 ▼

```
15    MoveJ safepoint, v1       剪切        至顶部
16    MoveL P10, v100, z        复制        至底部
17    MoveL P20, v100, z        粘贴        在上面粘贴
18    MoveL P30, v100, z        更改选择内容...   删除
19    MoveL p10, v100, z        ABC...      镜像...
20    MoveJ safepoint, v        更改为 MoveL  备注行
21    ENDPROC                   撤消        重做
22                             编辑        选择一项
23  ENDMODULE
```

| 添加指令 ▲ | 编辑 ▼ | 调试 ▲ | 修改位置 | 隐藏声明 |

图 3-32　添加返回至"safepoint"点的"MoveJ"指令

(9) 用同样的方法添加"MoveJ"指令，使机器人返回"Home"点。完整的三角形零件下料轨迹程序如图 3-33 所示。

任务与程序 ▼	模块 ▼	例行程序 ▼

```
14    PROC sanjiaoxingguiji()
15      MoveJ Home, v100, fine, tool1;
16      MoveJ safepoint, v100, z50, tool1;
17      MoveL P10, v100, fine, tool1;
18      MoveL P20, v100, fine, tool1;
19      MoveL P30, v100, fine, tool1;
20      MoveL P10, v100, fine, tool1;
21      MoveJ safepoint, v100, z50, tool1;
22      MoveJ Home, v100, fine, tool1;
23    ENDPROC
24
25  ENDMODULE
```

| 添加指令 ▲ | 编辑 ▲ | 调试 ▲ | 修改位置 | 隐藏声明 |

图 3-33　三角形零件下料轨迹程序

(五) 程序运行

1. 手动调试程序

点位示教和程序编辑完成后，可以手动调试程序。

(1) 点击图 3-33 中的"调试"按钮，在右侧弹出菜单中点击"PP 移至例行程序"按钮，箭头光标会自动对准 sanjiaoxingguiji( )程序第一行，如图 3-34 所示。

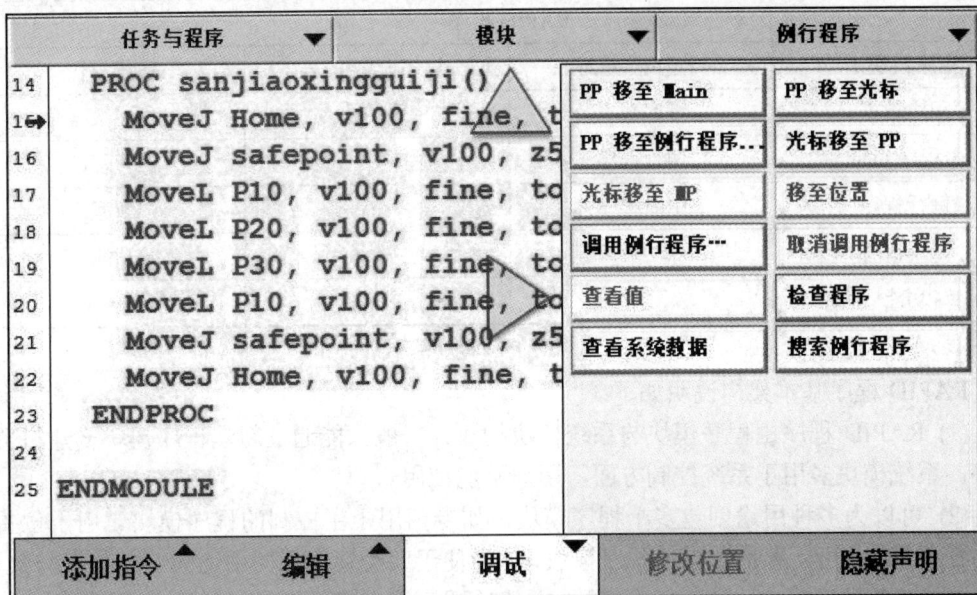

```
14    PROC sanjiaoxingguiji()
15→      MoveJ Home, v100, fine, t
16      MoveJ safepoint, v100, z5
17      MoveL P10, v100, fine, to
18      MoveL P20, v100, fine, to
19      MoveL P30, v100, fine, to
20      MoveL P10, v100, fine, to
21      MoveJ safepoint, v100, z5
22      MoveJ Home, v100, fine, t
23    ENDPROC
24
25  ENDMODULE
```

任务与程序 ▼	模块 ▼	例行程序 ▼

PP 移至 Main	PP 移至光标
PP 移至例行程序…	光标移至 PP
光标移至 MP	移至位置
调用例行程序…	取消调用例行程序
查看值	检查程序
查看系统数据	搜索例行程序

添加指令 ▲	编辑 ▲	调试 ▼	修改位置	隐藏声明

图 3-34　调试程序

(2) 按照图 1-7 所示手持示教器，按住示教器的使能器按钮，右手点击图 1-8 所示右下角黑色三角正向运行键(即图中 K 所示)，机器人单步运行，箭头光标会逐步下移。注意观察机器人运行过程是否有误，与周围物体是否有干扰等。

(3) 程序试运行过程中，如果程序行有错或示教点有错或机器人运行过程中存在干涉，可以将光标定位于该程序行，点击示教器界面上的"编辑"按钮，进行程序纠错或重新示教，直至整个程序测试无误为止。

2. 自动运行程序

在试运行过程中程序测试无误后，方可自动运行程序。

参照图 3-34，将箭头光标移至程序第一行。将图 1-5 所示"模式切换旋钮"旋转至"自动"位置，此时触摸屏上方状态栏会同步显示"自动"提示。点击图 1-8 所示右下角黑色三角正向自动运行键(即图中 I 所示)，此时不需要按使能器按钮，机器人即可自动执行程序。注意：右手放在示教器紧急停止按钮处，随时注意机器人姿态，以防不测。

五、问题探究

(一) RAPID 程序

RAPID 程序中包含了一连串控制机器人的指令，执行这些指令可以实现对机器人的控制操作。

应用程序是使用称为 RAPID 编程语言的特定词汇和语法编写而成的。RAPID 是一种英文编程语言，类似于 C 语言，所包含的指令除具有移动机器人、设置输出、读取输入的功能外，还能实现决策、重复其他指令、构造程序以及与系统操作员交流等功能。RAPID 程序基本架构如图 3-35 所示。

RAPID 程序			
程序模块 1	程序模块 2	程序模块……	系统模块
程序数据	程序数据	……	程序数据
主程序 main	例行程序	……	例行程序
例行程序	中断程序	……	中断程序
中断程序	功能	……	功能
功能		……	

图 3-35　RAPID 程序基本架构

RAPID 程序基本架构说明如下：

(1) RAPID 程序由程序模块与系统模块构成，一般只能通过新建程序模块构建机器人程序。系统模块多用于系统控制方面，用户不能使用。

(2) 可以为多种用途创建多个程序模块，如专门用于主控制的程序模块、用于位置计算的程序模块、用于存放数据的程序模块，这样便于归类管理不同用途的例行程序与数据。

(3) 一个程序模块可以包含程序数据、例行程序、中断程序和功能这四种对象，但在一个模块中，不一定都包含这四种对象。程序模块之间的数据、例行程序、中断程序和功能是可以互相调用的。

(4) 在 RAPID 程序中，只有一个主程序 main 作为整个 RAPID 程序执行的起点，可存在于任意一个程序模块中。

(二) 例行程序

1. 例行程序的种类

例行程序有三种：Procedures、Functions 和 Traps。

(1) Procedures：没有返回值，可由指令直接调用。

(2) Functions：有特定类型的返回值，必须通过表达式调用。

(3) Traps：例行程序提供了处理中断的方法。Traps 与某个特定中断连接，一旦中断条件满足，将被自动执行，但是在程序中不能直接调用 Traps。

2. 例行程序范围

例行程序范围是指例行程序可被调用的范围。若例行程序的声明前带有 Local 标识，则该例行程序只可在所属模块内调用；否则为 Global 例行程序。在同一模块中，例行程序不能与其他例行程序或数据同名；在不同模块中，Global 例行程序不能与模块、另一个 Global 例行程序以及 Global 数据同名。

例行程序范围使用原则如下：

(1) Global 例行程序可以包含在任何模块内。

(2) Local 例行程序只能在其所属模块内被调用。

(3) 在同一范围内，Local 例行程序隐含所有同名的 Global 例行程序和数据。

(4) 在同一范围内，例行程序隐含所有同名的指令和预定义例行程序及数据。

例行程序范围使用示例如图 3-36 所示，Module2 程序 h 可以调用 Module1 中程序 c 和

d 以及 Module2 中程序。

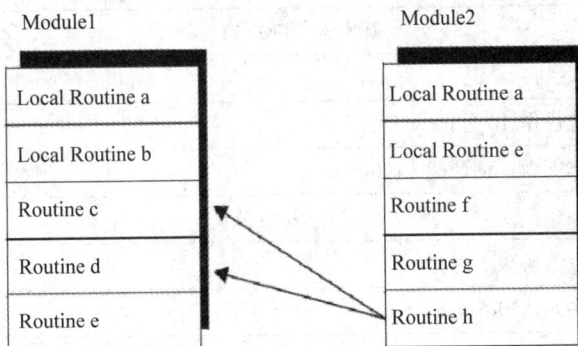

图 3-36　例行程序范围使用示例

六、知识拓展——ABB 工业机器人在激光切割中的应用

ABB 工业机器人激光切割系统一方面具有工业机器人的特点，能够自由、灵活地实现各种复杂的三维曲线加工轨迹；另一方面由于采用了柔韧性好、能够远距离传输激光的光纤作为传输介质，因此作业中传输介质不会对机器人的运动路径产生限制作用。

激光切割时(见图 3-37)利用工业机器人灵活快速的工作性能，作业人员根据客户切割加工工件尺寸大小的不同，可以选择正装或者倒装 ABB 工业机器人，对不同产品进行示教编程或者离线编程。机器人第六轴装载光纤激光切割头可对不规则工件进行三维切割。虽然 ABB 工业机器人一次性投入较高，但连续、大量地加工可使每个工件的综合成本降下来，加工成本较低。

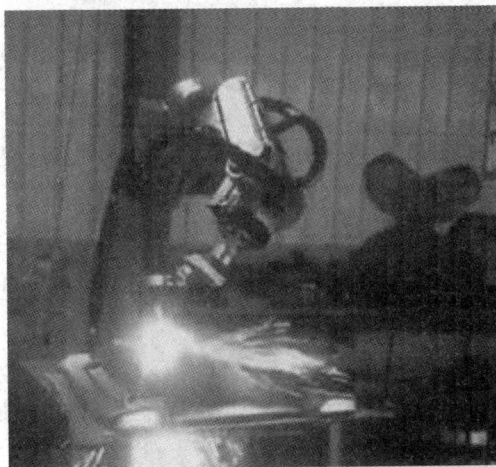

图 3-37　机器人在激光切割中的应用

七、评价反馈

学习完本项目后，填表 3-8。

表 3-8　评　价　表

序号	评 估 内 容	自评	互评	师评
基本素养(30分)				
1	纪律(无迟到、早退、旷课)(10分)			
2	安全规范操作(10分)			
3	团结协作能力、沟通能力(10分)			
理论知识(20分)				
1	运动指令的认知(5分)			
2	程序模块的认知(5分)			
3	例行程序的认知(5分)			
4	程序编辑器的认知(5分)			
技能操作(50分)				
1	运动规划和程序流程图的制定(10分)			
2	示教前的准备和程序新建(10分)			
3	示教编程(20分)			
4	下料轨迹的调试与自动运行(10分)			
综 合 评 价				

练　习　题

1. 填空题

(1) 必须知道机器人控制器和外围控制设备上的_____按钮位置，以备在紧急情况下使用这些按钮。

(2) 示教作业完成后，应以_____状态检查机器人的动作。

(3) 机器人发生碰撞后，必须进行_____，否则不能正常运行。

(4) 机器人行走轨迹是由示教点决定的，一段圆弧至少需要示教_____点。

(5) _____指令用于选择一个点位之后，当前点机器人位置与选择点之间的任意运动，运动过程中不进行轨迹控制和姿态控制。

2. 选择题

(1) 示教器上使能器按钮握紧为 ON，松开为 OFF 状态，作为进而追加的功能，当握紧力过大时，为____状态。

A. 不变　　　　　B. ON　　　　　　C. OFF　　　　　　D. 急停报错

(2) 为了确保安全，用示教编程器手动运行机器人时，机器人的最高速度限制为____。

A. 50 mm/s　　　B. 250 mm/s　　　C. 100 mm/s　　　D. 300 mm/s

(3) 通常对机器人进行示教编程时，要求最初程序点与最终程序点的位置____，可提高工作效率。

  A. 不同   B. 相同   C. 无所谓   D. 等间距

  (4) 用六点法建立工具坐标系时，需要在第 5 点和第 6 点设定 TCP 的____方向。

  A. X   B. Z   C. Y   D. X 和 Z

  (5) 示教点位置是基于所选的____存储的，如果需要把很多点做整体平移，只要变更____的值即可。

  A. 基坐标，工件坐标   B. 基坐标，工具坐标

  C. 工件坐标，工件坐标   D. 世界坐标，工具坐标

3. 判断题

  (1) 与 MoveL 运动一样，MoveJ 运动也会出现奇异点。   ( )

  (2) MoveAbsJ 指令中 TCP 与 Wobj 只与运动速度有关，与运动位置无关，常用于检查机器人零点位置。   ( )

  (3) MoveJ 和 MoveAbsJ 运动轨迹相同，都是以关节方式运动，所不同的是采用的数据点类型不同。   ( )

  (4) MoveAbsj 是绝对关节运动指令，机器人每轴将以最小的角度运行到指定的轴位置。   ( )

  (5) 程序数据是在程序模块或系统模块中设定值和定义一些环境数据。 ( )

4. 操作题

  某企业采用串联型六轴机器人实现挖机基座支撑板下料，其切割工序运行轨迹图如图 3-38 所示。请根据所提供的运行轨迹图，示教编程完成机器人运行工作。激光切割头用工具笔 TCP 代替，切割对象使用同比例零件图纸纸张代替。分析机器人运行轨迹和操作流程，对其进行轨迹示教编程与调试，通过现场操作方式完成零件下料。

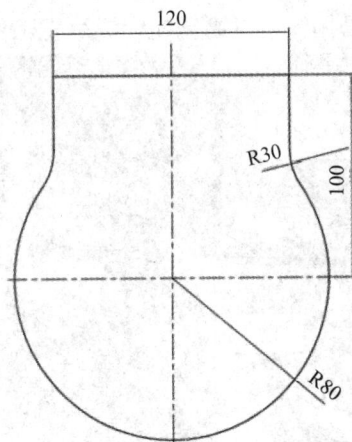

图 3-38　机器人切割工序运行轨迹图

项目四　ABB工业机器人打磨抛光编程与操作

一、学习目标

(1) 了解 ABB 工业机器人打磨抛光基本知识。

(2) 掌握 ABB 工业机器人 I/O 信号。

(3) 掌握 Set、Reset、WaitDI、WaitDO 等 I/O 控制指令。

(4) 能使用示教器进行 ABB 工业机器人基本操作和编程。

(5) 能安全启动 ABB 工业机器人，并按安全操作规程进行机器人操作。

(6) 能根据打磨抛光任务进行 ABB 工业机器人运动规划、工具坐标系测定、打磨抛光作业示教编程，以及打磨抛光程序调试、自动运行和外部启动运行。

(7) 能够优化 ABB 工业机器人运行轨迹，培养高效节能意识。

二、工作任务

(一) 任务描述

如图 4-1 所示，待打磨抛光工件 1(见图 4-2)放置于原料台上。ABB 工业机器人利用气爪抓取工件 1 至打磨头进行打磨抛光，打磨抛光完成后将工件 1 放回原处。

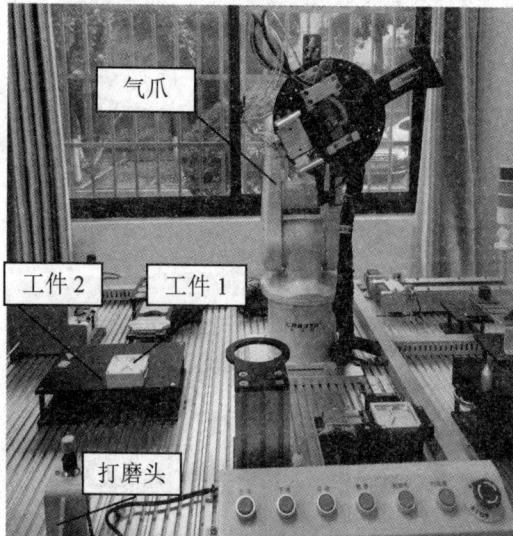

图 4-1　打磨作业平台

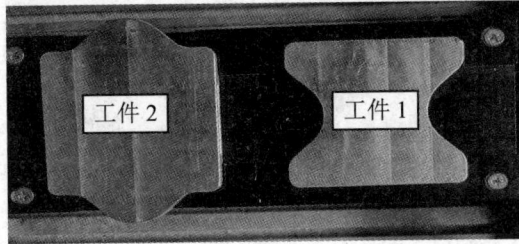

图 4-2 待打磨工件

(二) 所需设备和材料

本任务所需设备为 ABB 工业机器人打磨作业平台，如图 4-1 所示。

(三) 技术要求

(1) 示教模式下机器人速度百分比不超过 10％，自动模式下机器人速度百分比通常选用较低值，一般不超过 30％。

(2) 机器人与周围任何物体间不得有干涉。

(3) 示教器不得随意放置，不得跌落，以免损坏触摸屏。

(4) 不能损坏气爪、工件。

(5) 打磨抛光过程中工件不得与周围物体有任何干涉。

三、知识储备

(一) 常用 RAPID I/O 控制指令

I/O 控制指令用于控制 I/O 信号，以达到机器人与周边设备进行通信的目的。

1. Set 数字信号置位指令

Set 数字信号置位指令用于将数字输出(Digital Output)置位为"1"。其示例如图 4-3 所示，释义如表 4-1 所示。

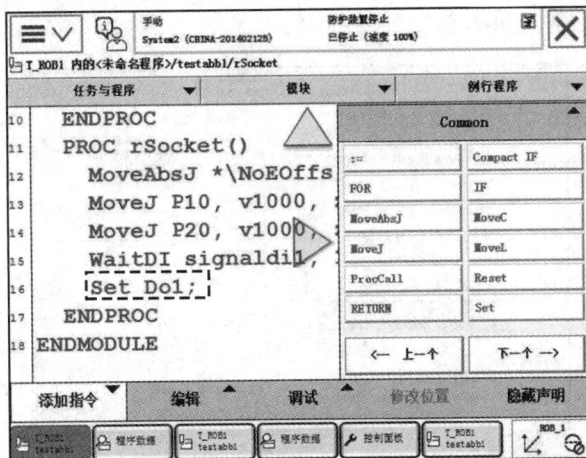

图 4-3 Set 数字信号置位指令示例

表 4-1   Set 数字信号置位指令

参数	含义
Do1	数字输出信号

如果在 Set 指令前有运动指令 MoveJ、MoveL、MoveC 和 MoveAbsj 的转变区数据，则必须使用 fine 才可以准确地输入 I/O 信号状态的变化。

2. Reset 数字信号复位指令

Reset 数字信号复位指令用于将数字输出(Digital Output)置位为"0"。其示例如图 4-4 所示。

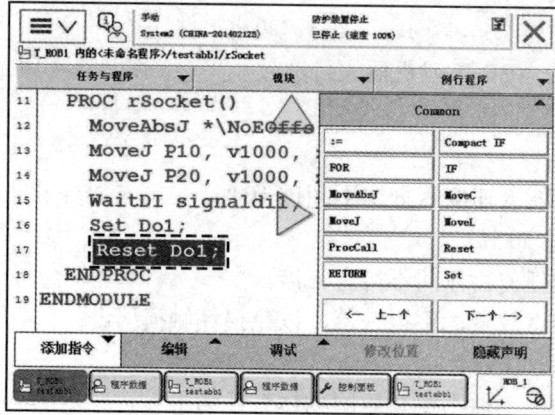

图 4-4   Resets 数字信号复位指令示例

如果在 Reset 指令前有运动指令 MoveJ、MoveL、MoveC 和 MoveAbsj 的转变区数据，则必须使用 fine 才可以准确地输入 I/O 信号状态的变化。

3. WaitDI 数字输入信号判断指令

WaitDI 数字输入信号判断指令用于判断数字输入信号值是否与目标一致。其示例如图 4-5 所示，释义如表 4-2 所示。

在该示例中，程序执行此指令时，等待 D0 值为 1。如果 D0 为 1，则程序继续往下执行；如果到达最大等待时间 300 s(此时间可根据实际情况进行设定)以后，D0 值还不为 1，则 ABB 工业机器人报警或进入出错处理程序。

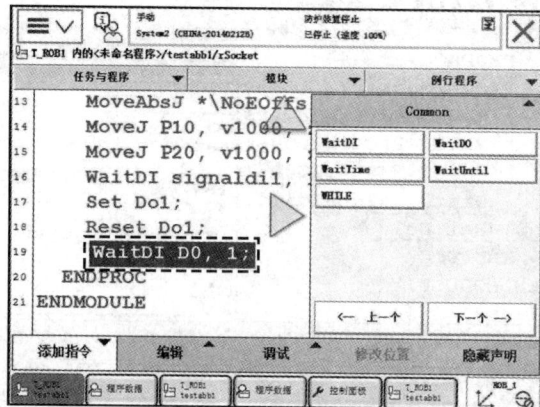

图 4-5   WaitDI 数字输入信号判断指令示例

表 4-2 WaitDI 数字输入信号判断指令解析

参数	含义
D0	数字输入信号
1	判断目标值

4. WaitDO 数字输出信号判断指令

WaitDO 数字输出信号判断指令用于判断数字输出信号值是否与目标一致。其示例如图 4-6 所示。

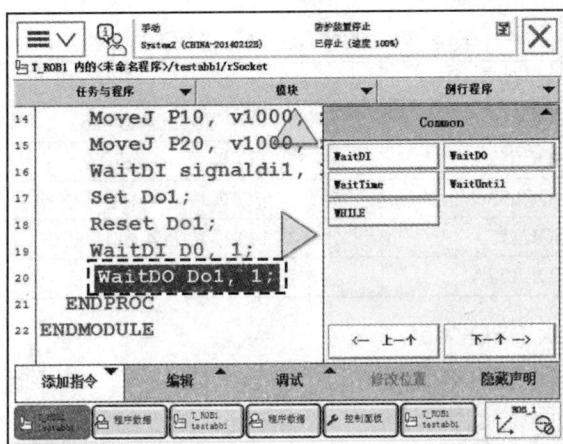

图 4-6 WaitDo 数字输出信号判断指令示例

在该示例中，程序执行此指令时，等待 Do1 值为 1。如果 Do1 为 1，则程序继续往下执行；如果到达最大等待时间 300 s(此时间可根据实际进行设定)以后，Do1 值还不为 1，则 ABB 工业机器人报警或进入出错处理程序。

5. WaitUntil 信号判断指令

WaitUntil 信号判断指令可用于布尔量、数字量和 I/O 信号值的判断。如果条件到达指令中的设定值，程序继续往下执行，否则就一直等待，除非设定了最大等待时间。其示例如图 4-7 所示，释义如表 4-3 所示。

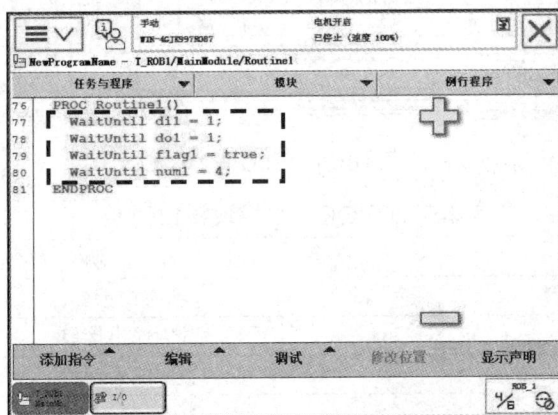

图 4-7 WaitUntil 信号判断指令示例

表 4-3   WaitUntil 信号判断指令解析

参数	含义
Flag1	布尔量
num1	数字量

(二) 常用 ABB 标准 I/O 板说明

常用 ABB 标准 I/O 板如表 4-4 所示，具体规格参数以 ABB 官方最新公布为准，这里只介绍 DSQC651 和 DSQC 652。

表 4-4   常用 ABB 标准 I/O 板

序号	型号	说　明
1	DSQC651	分布式 I/O 模块 di8\do8 ao2
2	DSQC652	分布式 I/O 模块 di16\do16
3	DSQC653	分布式 I/O 模块 di8\do8 带继电器
4	DSQC355A	分布式 I/O 模块 ai4\ao4
5	DSQC377A	输送链跟踪单元

1. ABB 标准 I/O 板 DSQC651

如图 4-8 所示，DSQC651 板主要提供 8 个数字输入信号、8 个数字输出信号和 2 个模拟输出信号。模块接口说明如表 4-5 所示。端子接口说明如表 4-6 至表 4-9 所示。

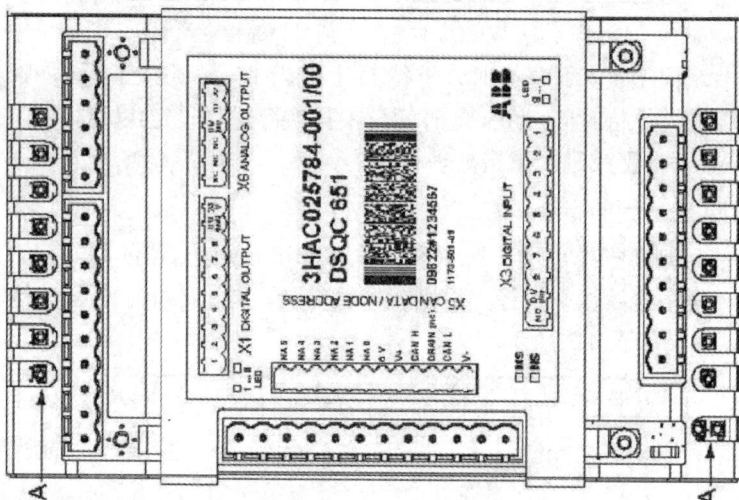

图 4-8   ABB 标准 I/O 板 DSQC651

表 4-5   DSQC651 模块接口说明

模块接口	说　明
A	状态指示灯
X1	数字输出接口
X3	数字输入接口
X5	DeviceNet 接口
X6	模拟输出接口

表 4-6 DSQC651 X1 端子接口说明

X1 端子编号	使用定义	地址分配
1	OUTPUT CH1	32
2	OUTPUT CH2	33
3	OUTPUT CH3	34
4	OUTPUT CH4	35
5	OUTPUT CH5	36
6	OUTPUT CH6	37
7	OUTPUT CH7	38
8	OUTPUT CH8	39
9	0 V	—
10	24 V	—

表 4-7 DSQC651 X3 端子接口说明

X3 端子编号	使用定义	地址分配
1	INTPUT CH1	0
2	INTPUT CH2	1
3	INTPUT CH3	2
4	INTPUT CH4	3
5	INTPUT CH5	4
6	INTPUT CH6	5
7	INTPUT CH7	6
8	INTPUT CH8	7
9	0 V	—
10	未使用	—

表 4-8 DSQC651 X5 端子接口说明

X5 端子编号	使用定义
1	0V(黑色)
2	CAN 信号线 low(蓝色)
3	屏蔽线
4	CAN 信号线 high(白色)
5	24V(红色)
6	GND 地址选择公共端
7	模块 ID bit0(LSB)
8	模块 ID bit1(LSB)
9	模块 ID bit2(LSB)
10	模块 ID bit3(LSB)
11	模块 ID bit4(LSB)
12	模块 ID bit5(LSB)

表 4-9　DSQC651 X6 端子接口说明

X6 端子编号	使用定义	地址分配
1	未使用	—
2	未使用	—
3	未使用	—
4	0V	—
5	模拟输出 ao1	0~15
6	模拟输出 ao2	16~31

2. ABB 标准 I/O 板 DSQC652

如图 4-9 所示，DSQC652 板主要提供 16 个数字输入信号、16 个数字输出信号。模块接口说明如表 4-10 所示。X3、X5 端子接口与 DSQC651 板的相同，如表 4-7 和表 4-8 所示。其他端子接口说明如表 4-11 至表 4-13 所示。

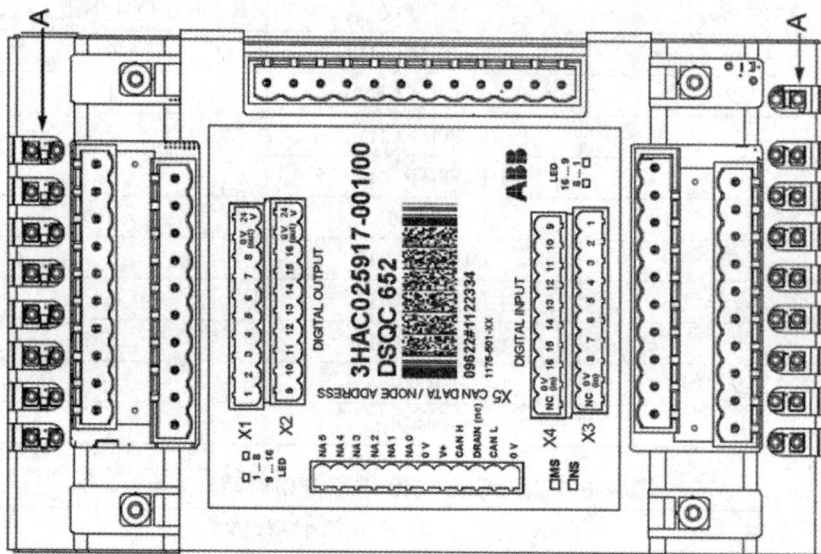

图 4-9　ABB 标准 I/O 板 DSQC652

表 4-10　DSQC652 模块接口说明

模块接口	说　　明
A	状态指示灯
X1	数字输出接口
X2	数字输出接口
X3	数字输入接口
X4	数字输入接口
X5	DeviceNet 接口

表 4-11　DSQC652 X1 端子接口说明

X1 端子编号	使用定义	地址分配
1	OUTPUT CH1	0
2	OUTPUT CH2	1
3	OUTPUT CH3	2
4	OUTPUT CH4	3
5	OUTPUT CH5	4
6	OUTPUT CH6	5
7	OUTPUT CH7	6
8	OUTPUT CH8	7
9	0 V	—
10	24 V	—

表 4-12　DSQC652 X2 端子接口说明

X2 端子编号	使用定义	地址分配
1	OUTPUT CH9	8
2	OUTPUT CH10	9
3	OUTPUT CH11	10
4	OUTPUT CH12	11
5	OUTPUT CH13	12
6	OUTPUT CH14	13
7	OUTPUT CH15	14
8	OUTPUT CH16	15
9	0 V	—
10	24 V	—

表 4-13　DSQC652 X4 端子接口说明

X4 端子编号	使用定义	地址分配
1	INTPUT CH9	8
2	INTPUT CH10	9
3	INTPUT CH11	10
4	INTPUT CH12	11
5	INTPUT CH13	12
6	INTPUT CH14	13
7	INTPUT CH15	14
8	INTPUT CH16	15
9	0 V	—
10	未使用	—

　　ABB 标准 I/O 板是挂在 DeviceNet 网络上的，所以要设定模块在网络中的地址，该地址由端子 X5 的 6～12 跳线决定，地址可用范围为 10～63。示例如图 4-10 所示，将第 8 脚和第 10 脚的跳线剪去，2 + 8 = 10，可以得到模块地址为 10。

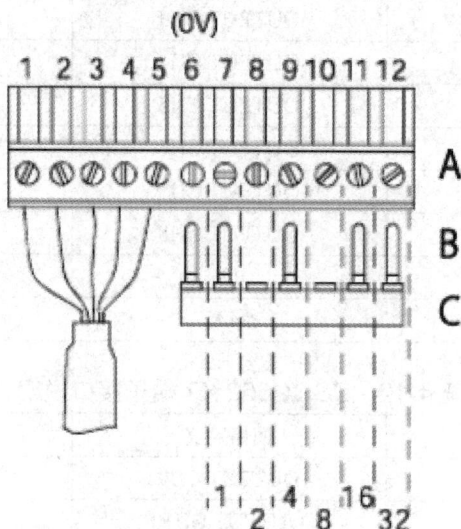

A—DeviceNet 接口；B—地址 PIN 码；C—地址键

图 4-10　挂在 DeviceNet 网络上的 ABB 标准 I/O 板地址示例

四、实践操作

(一) 打磨抛光轨迹规划

1. 运动规划

　　要完成打磨抛光程序示教编程，首先要进行运动规划，即要进行任务规划、动作规划和路径规划，如图 4-11 所示。

　　(1) 任务规划。打磨抛光程序要完成的任务是对工件 1 非夹持边沿进行打磨，打磨后将工件 1 放回原处，因此机器人运动动作可分解为"抓取工件""打磨工件"和"放回工件"三个任务。

　　(2) 动作规划。动作规划是把每一个任务分解为 ABB 工业机器人的一系列动作。"抓取工件"可以进一步分解为"回原点""移到工件 1 上方安全点""移动到工件 1 抓取点""抓取工件 1"；"打磨工件"可以进一步分解为"退到工件 1 上方安全点""移动到打磨工具侧安全点""打磨工件点"；"放回工件"可以进一步分解为"退回至打磨工具侧安全点""退回至工件 1 上方安全点""退回至工件 1 抓取点""释放工件 1"。读者可参照图 3-9 自行进行运动规划图绘制。

　　(3) 路径规划。路径规划是将每一个动作分解为 ABB 工业机器人 TCP 运动轨迹，考虑到机器人姿态以及机器人与周围设备干涉，每一个动作需要对应有一个或多个点形成的运动轨迹。例如，"回原点"对应 Home 点(P1)；"移到工件 1 上方安全点"对应移动经过参考点 P2(中间点)至 P4 点;"打磨工件点"对应工件待打磨边沿多个点以及工件换边时的中间点。该过程的轨迹路线为:P1→P2→P3→P4→P5→P4→P6→P7→P8→P9→P10→P11→P12→P13→P14→P15→P16→P17→P18→P19→P20→P4→P5→P4→P3→P2→P1。

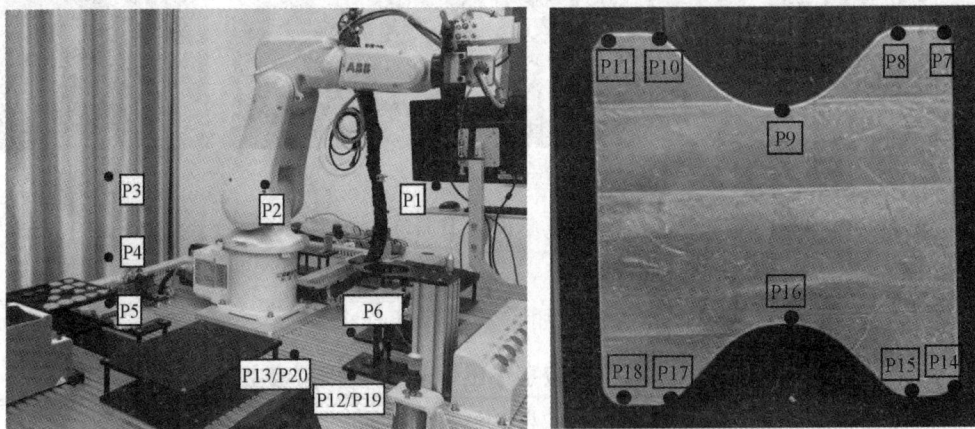

图 4-11　机器人运动规划

2. 程序流程图的制定

ABB 工业机器人打磨抛光程序的整个工作流程包括"抓取工件""打磨工件"和"放回工件"三个主要步骤。程序流程图如图4-12 所示。

(二) 示教前的准备

1. 参数设置

参数设置是对 ABB 工业机器人坐标系、运动模式和速度三个参数的设置。

项目一介绍了 ABB 工业机器人四种坐标系,即大地坐标系、基坐标系、工具坐标系和工件坐标系,以及四种运动模式,即轴1-3 模式、轴 4-6 模式、线性运动模式和重定位模式。选定轴 1-3和轴 4-6 模式,可以手动控制机器人各轴单独运动;选定线性模式,可以手动控制机器人在相应坐标系下运动。

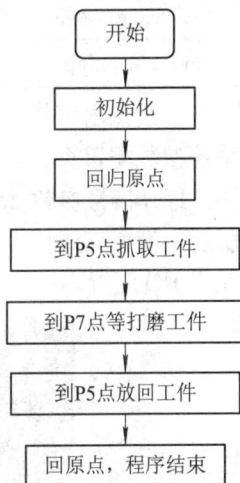

图 4-12　程序流程图

项目一指出了手动操作时手动速度/自动速度设定时需注意的问题,为安全起见,通常选用较低速度。

在示教过程中,需要在一定的坐标系、运动模式和操作速度下手动控制机器人达到设定的位置,因此在示教运动指令前,必须选定好坐标系、运动模式和速度。

2. 工具坐标系测试

工具坐标系测试使用的工具为气爪。由于气爪 TCP 在气爪中间,不方便测试,可在误差允许的情况下选择气爪某个尖点进行气爪 TCP 测试。其示例如图 4-13 所示。测试过程可参照项目二中工具笔尖 TCP 的测试过程,气爪工具命名为 tool2,工件坐标系参照项目二中的工件坐标系 wobj1。

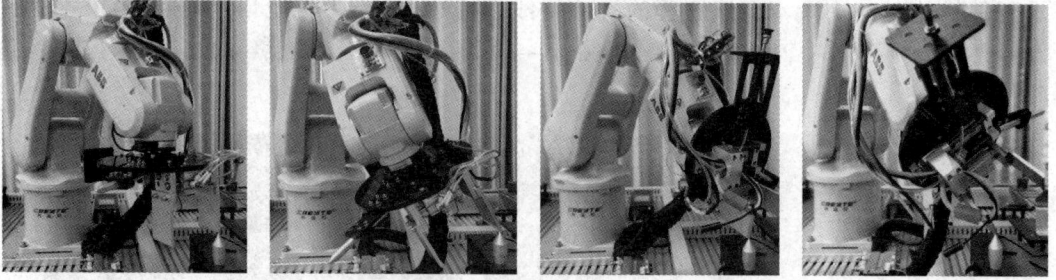

(a) 第一点　　　　　(b) 第二点　　　　　(c) 第三点　　　　　(d) 第四点

图 4-13　气爪 TCP 测试示例

3. I/O 配置

本项目数字输出信号 do4 相关参数如表 4-14 所示。

表 4-14　本项目数字输出信号 do4 相关参数

参数名称	设定值	说　明
Name	do5	设定数字输出信号名字
Type of Signal	Digital Output	设定信号类型
Assigned to Device	d652	设定信号所在 I/O 模块
Device Mapping	32	设定信号所占用地址

依次点击触摸屏左上角的开始下拉菜单→"控制面板"→"配置"菜单项，打开 I/O 系统参数配置页面，如图 4-14 所示。双击"Signal"处，在弹出的页面中点击"添加"按钮，打开信号参数 do4 设置页面。参照表 4-14 设置参数，其他参数采用默认值，如图 4-15 所示。设置完成后点击"确定"按钮，在弹出的页面中点击"是"按钮，重新启动控制器，完成 I/O 配置。

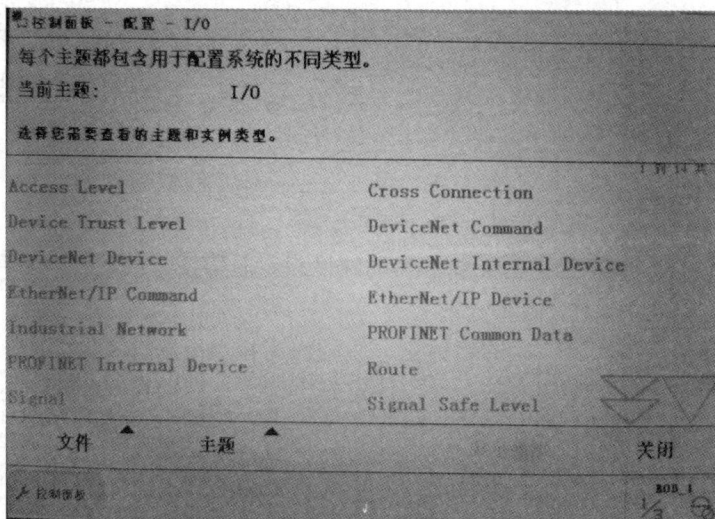

图 4-14　I/O 系统参数配置页面

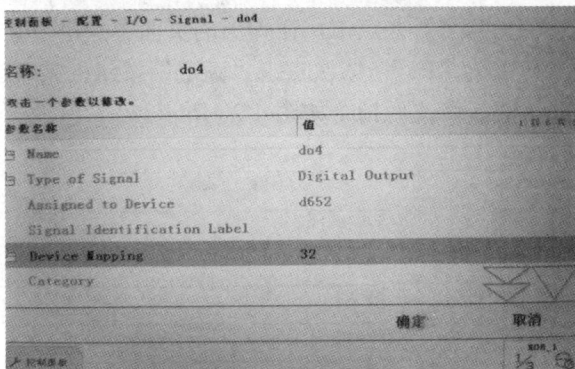

图 4-15　信号参数 do4 设置页面

(三) 打磨抛光示教编程

项目三是先建立点位数据并示教，然后进行程序编程。本项目则采用在程序编制过程中，同步建立点位数据并示教的方式。

(1) 参照项目三，新建例行程序，命名为"damo"，并进入程序编辑页面，如图 4-16 所示。

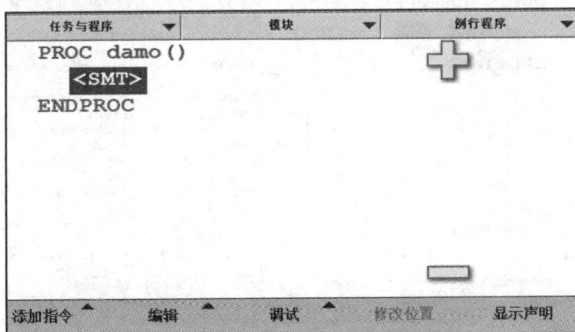

图 4-16　"damo"程序编辑页面

(2) 手动操作 ABB 工业机器人回"原点"，即图 4-11 中 P1 点，如图 4-17 所示。点击图 4-16 左下角的"添加指令"按钮，在屏幕右侧指令弹出菜单中选择 Common 指令集的"MoveJ"指令，添加机器人返回"原点"指令，将工具坐标系改为"tool2"，结果如图 4-18 所示。

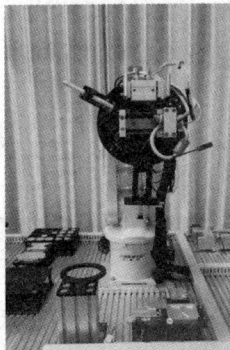

图 4-17　手动操作 ABB 工业机器人
回"原点"(即 P1 点)

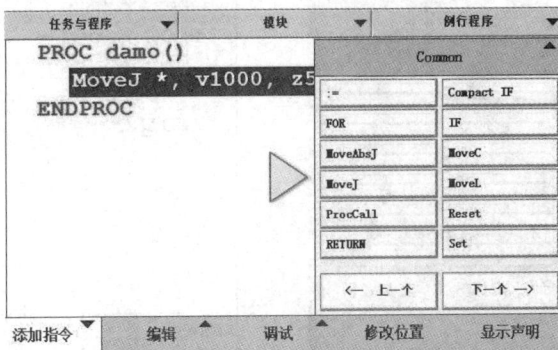

图 4-18　添加返回"原点"指令

选择图 4-18 指令行中的"*"并点击，在弹出的页面中点击"新建"按钮，弹出如图 4-19 所示的页面，将名称改为"P1"，依次点击"确定"按钮，完成 P1 点位数据的建立。指令中其他参数采用默认值，修改后指令如图 4-20 所示。

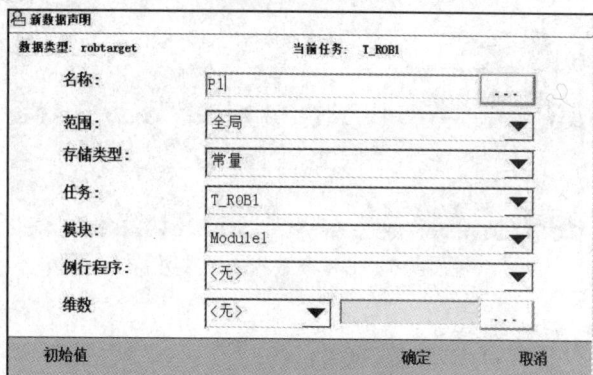

图 4-19　P1 点位数据建立

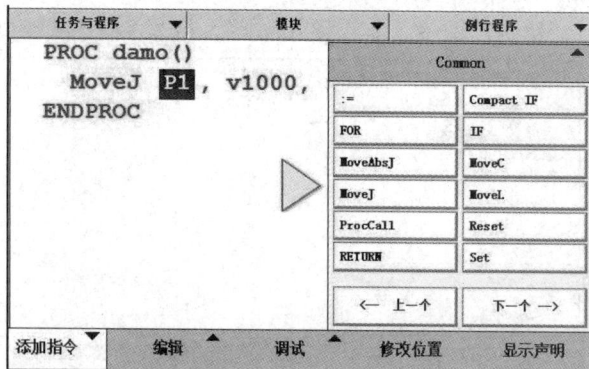

图 4-20　添加返回 P1 指令

(3) 手动操作 ABB 工业机器人到中间点 P2，如图 4-21 所示。点击图 4-20 左下角的"添加指令"按钮，在屏幕右侧指令弹出菜单中选择 Common 指令集的"MoveJ"指令，添加 ABB 工业机器人至 P2 指令，并建立 P2 点位数据，工具坐标系改为"tool2"，结果如图 4-22 所示。

图 4-21　手动操作 ABB 工业机器人
　　　　　到中间点 P2

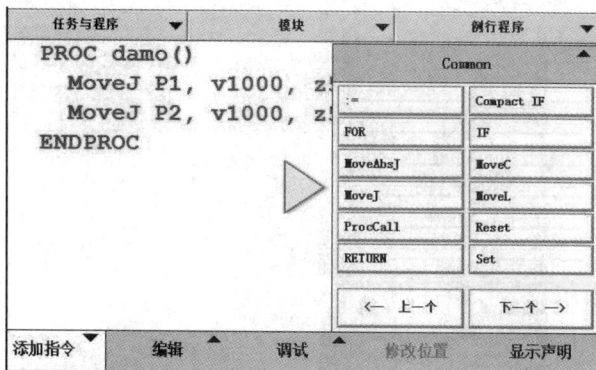

图 4-22　至 P2 指令

(4) 手动操作 ABB 工业机器人到中间点 P3，如图 4-23 所示。点击图 4-22 左下角的"添加指令"按钮，在屏幕右侧指令弹出菜单中选择 Common 指令集的"MoveJ"指令，添加机器人至 P3 指令，并建立 P3 点位数据，速度值改为"v100"，逼近值改为"fine"，工具坐标系改为"tool2"，结果如图 4-24 所示。

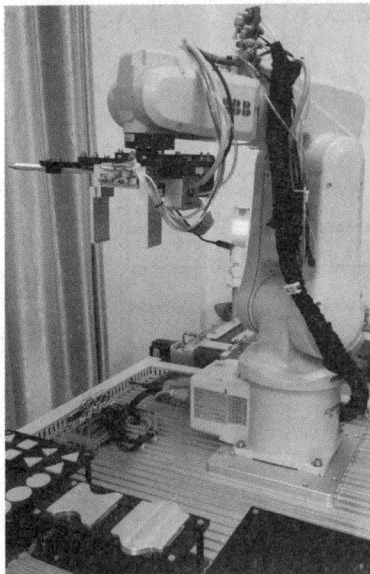

图 4-23　手动操作 ABB 工业机器人到中间点 P3

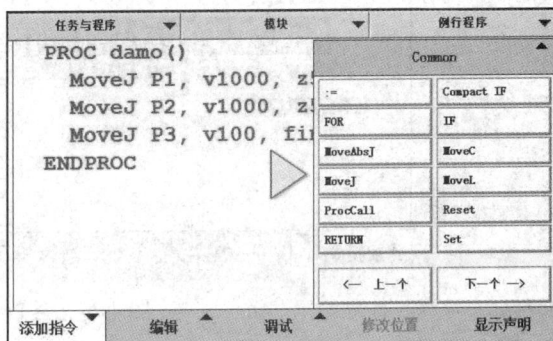

图 4-24　至 P3 指令

(5) 手动操作 ABB 工业机器人到中间点 P5，如图 4-25 所示。点击图 4-24 左下角的"添加指令"按钮，在屏幕右侧指令弹出菜单中选择 Common 指令集的"MoveL"指令，添加 ABB 工业机器人至 P5 指令，并建立 P5 点位数据，速度值改为"v100"，逼近值改为"fine"，工具坐标系改为"tool2"，结果如图 4-26 所示。

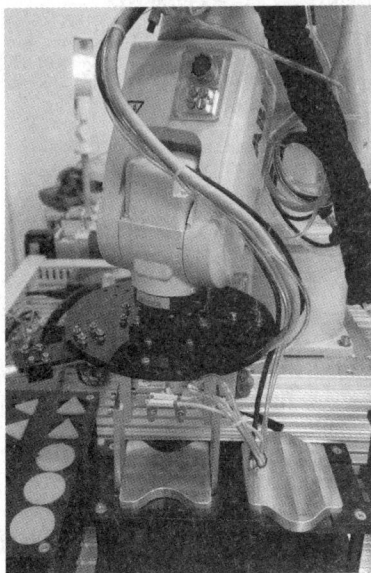

图 4-25　手动操作 ABB 工业机器人到中间点 P5

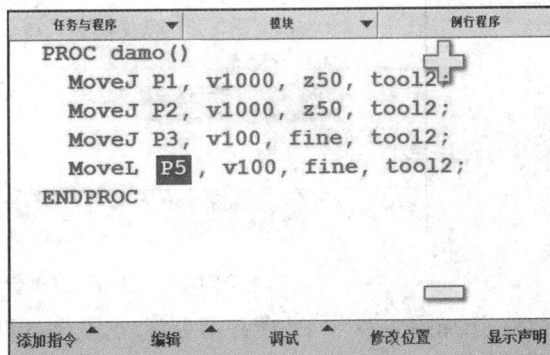

图 4-26　至 P5 指令

(6) 在线性模式、工具坐标系下，手动操作 ABB 工业机器人沿坐标 Z 轴方向，向上移动适当距离，作为抓取点的安全点即 P4。选择图 4-24 中 P3 指令行，点击左下角的"添加指令"按钮，在屏幕右侧指令弹出菜单中选择 Common 指令集的"MoveJ"指令，添加机器人至 P4 指令，并建立 P4 点位数据，速度值改为"v100"，逼近值改为"fine"，工具坐标系改为"tool2"，此过程实现在 P3 与 P5 指令行之间插入 P4 指令，如图 4-27 所示。

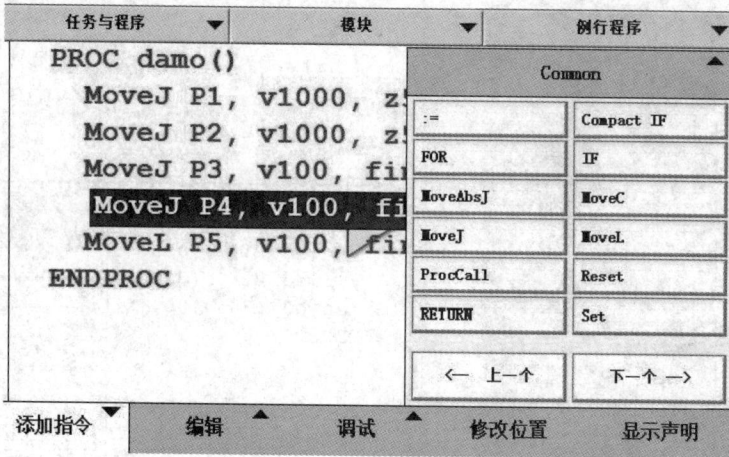

图 4-27　至 P4 指令

(7) 选择图 4-27 中 P5 指令行，点击左下角的"添加指令"按钮，在屏幕右侧指令弹出菜单中选择 I/O 指令集的"Set"指令，在弹出的对话框中选择"do4"，点击"确定"按钮，此指令实现了气爪夹紧工件的功能。在屏幕右侧指令弹出菜单中选择 Common 指令集的"WaitTime"指令，在弹出界面点击"123…"按钮，输入数字"1"，依次点击"确定"按钮，延时 1s，使气爪可靠夹紧，指令如图 4-28 所示。

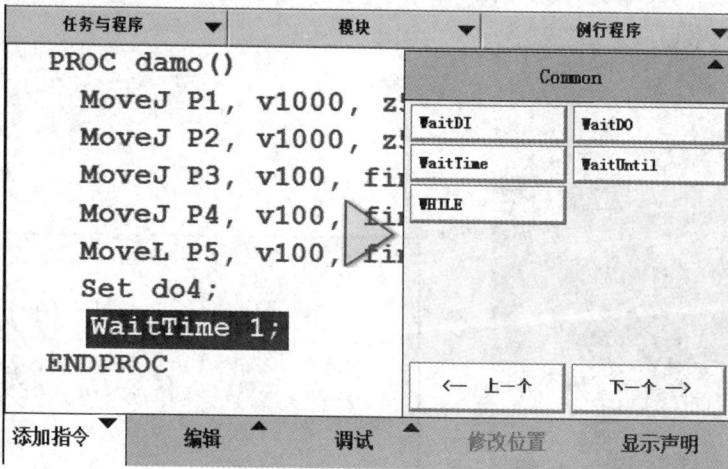

图 4-28　添加气爪夹紧和延时指令

(8) 选择图 4-28 中 P4 所在指令行，点击"编辑"→"复制"按钮；选择图 4-28 中 WaitTime 所在指令行，点击"粘贴"按钮，再次添加机器人至 P4 指令，搬运工件；点击"编辑"→"更改为 MoveL"按钮，指令修改后如图 4-29 所示。

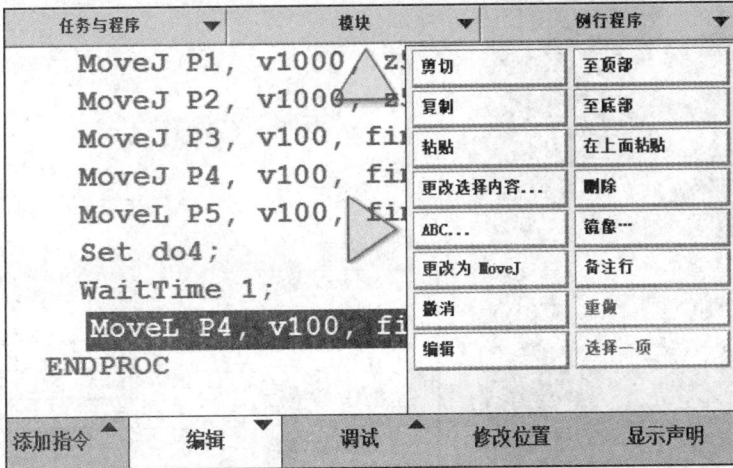

图 4-29　再次添加至 P4 指令

(9) 手动操作 ABB 工业机器人到打磨点 P7，如图 4-30 所示。点击图 4-29 左下角的"添加指令"按钮，在屏幕右侧指令弹出菜单中选择 Common 指令集的"MoveL"指令，添加机器人至 P7 指令，并建立 P7 点位数据，速度值改为"v50"，逼近值改为"fine"，工具坐标系改为"tool2"，结果如图 4-31 所示。

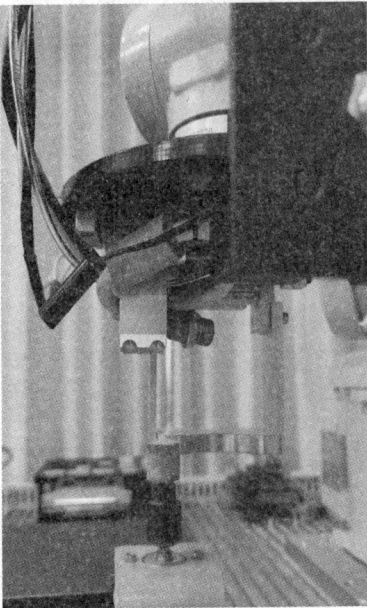

图 4-30　手动操作 ABB 工业机器人到打磨点 P7

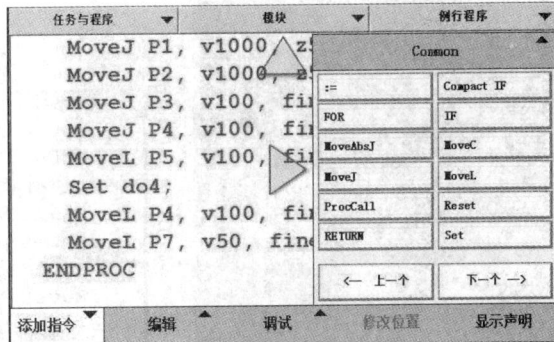

图 4-31　至 P7 指令

(10) 在线性模式、工具坐标系下，手动操作 ABB 工业机器人沿坐标 Y 轴正方向移动适当距离，作为打磨点的安全点(即 P6)，示例如图 4-32 所示。选择图 4-31 中 P7 上方临近的 P4 指令行，点击左下角的"添加指令"按钮，在屏幕右侧指令弹出菜单中选择 Common 指令集的"MoveJ"指令，添加机器人至 P6 指令，并建立 P6 点位数据，速度值改为"v1000"，逼近值改为"fine"，工具坐标系改为"tool2"，此过程实现在 P4 与 P7 指令行之间插入 P6 指令，如图 4-33 所示。

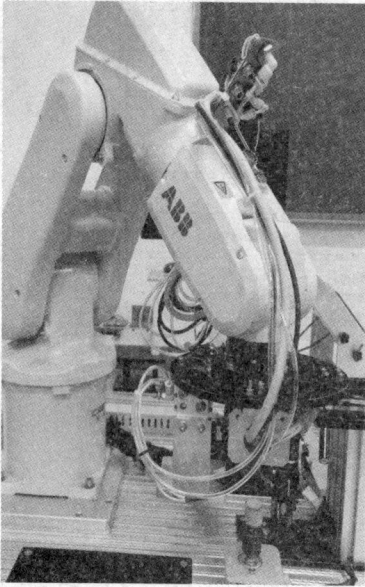

图 4-32　作为打磨点的安全点 P6

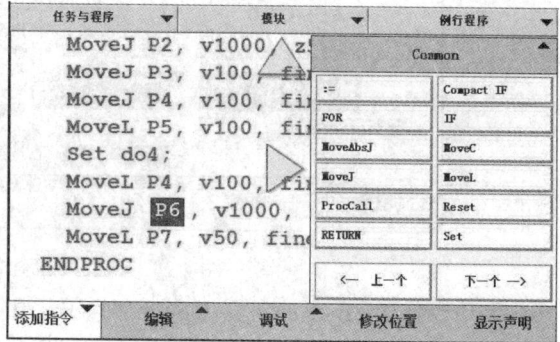

图 4-33　至 P6 指令

（11）手动操作 ABB 工业机器人到打磨点 P8，如图 4-34 所示。选择图 4-33 中 P7 指令行，点击左下角的"添加指令"按钮，在屏幕右侧指令弹出菜单中选择 Common 指令集的"MoveL"指令，添加机器人至 P8 指令，并建立 P8 点位数据，速度值改为"v50"，逼近值改为"fine"，工具坐标系改为"tool2"，结果如图 4-35 所示。

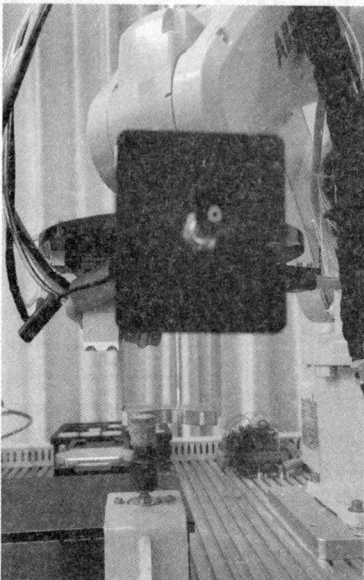

图 4-34　手动操作 ABB 工业机器人到打磨点 P8

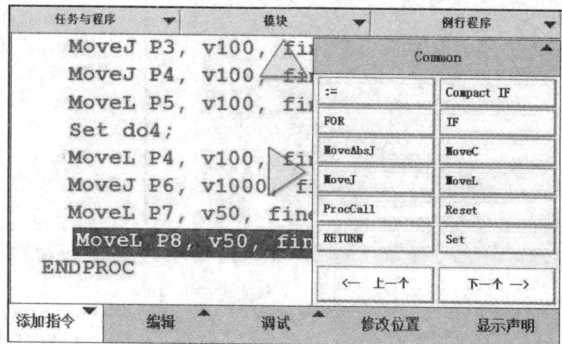

图 4-35　至 P8 指令

（12）手动操作 ABB 工业机器人到打磨点 P9、P10，如图 4-36 和图 4-37 所示。点击图 4-35 左下角的"添加指令"按钮，在屏幕右侧指令弹出菜单中选择 Common 指令集的"MoveC"指令，添加机器人至 P9、P10 指令，并建立 P9、P10 点位数据，速度值改为"v50"，逼近值改为"fine"，工具坐标系改为"tool2"，结果如图 4-38 所示。

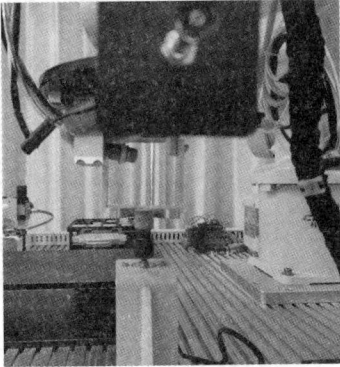

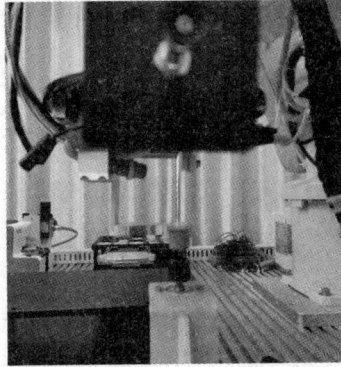

图 4-36　手动操作 ABB 工业机器人到打磨点 P9　　图 4-37　手动操作 ABB 工业机器人到打磨点 P10

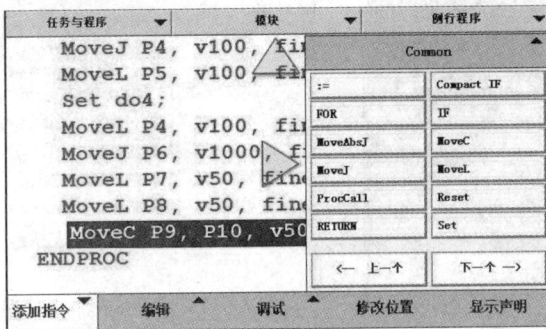

图 4-38　至 P9、P10 指令

（13）手动操作 ABB 工业机器人到打磨点 P11，如图 4-39 所示。点击图 4-38 左下角的
"添加指令"按钮，在屏幕右侧指令弹出菜单中选择 Common 指令集的"MoveL"指令，
添加机器人至 P11 指令，并建立 P11 点位数据，速度值改为"v50"，逼近值改为"fine"，
工具坐标系改为"tool2"，结果如图 4-40 所示。

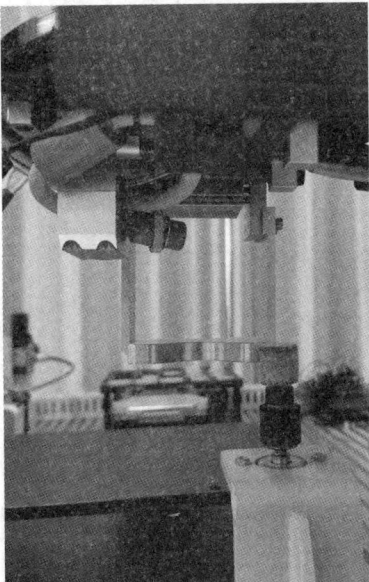

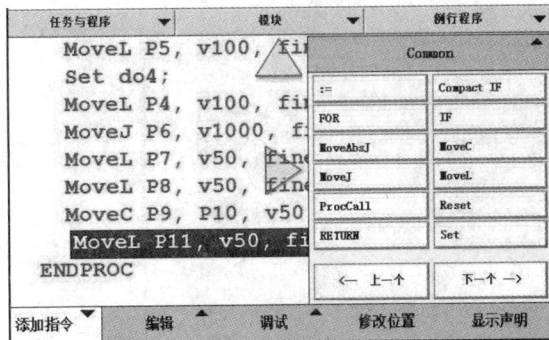

图 4-39　手动操作 ABB 工业机器人到打磨点 P11

图 4-40　至 P11 指令

　　(14) 手动操作 ABB 工业机器人退出打磨点 P12，如图 4-41 所示。点击图 4-40 左下角的 "添加指令" 按钮，在屏幕右侧指令弹出菜单中选择 Common 指令集的 "MoveL" 指令，添加机器人至 P12 指令，并建立 P12 点位数据，速度值改为 "v50"，逼近值改为 "fine"，工具坐标系改为 "tool2"，结果如图 4-42 所示。

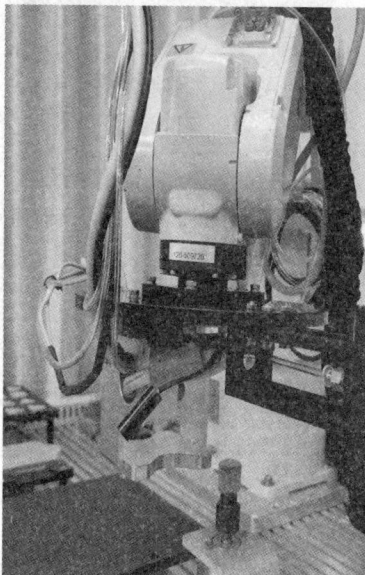

图 4-41　手动操作 ABB 工业机器人到打磨点 P12

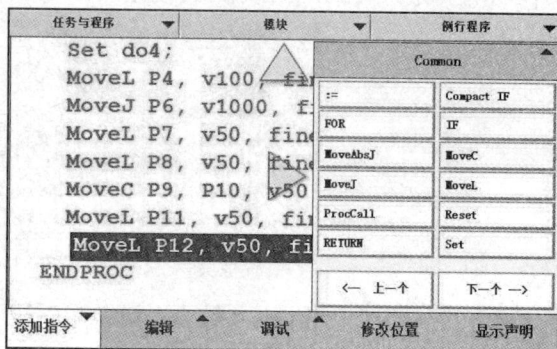

图 4-42　至 P12 指令

　　(15) 手动操作 ABB 工业机器人至 P13，工件换边，如图 4-43 所示。点击图 4-42 左下角的 "添加指令" 按钮，在屏幕右侧指令弹出菜单中选择 Common 指令集的 "MoveJ" 指令，添加机器人至 P13 指令，并建立 P13 点位数据，速度值改为 "v1000"，逼近值改为 "fine"，工具坐标系改为 "tool2"，结果如图 4-44 所示。

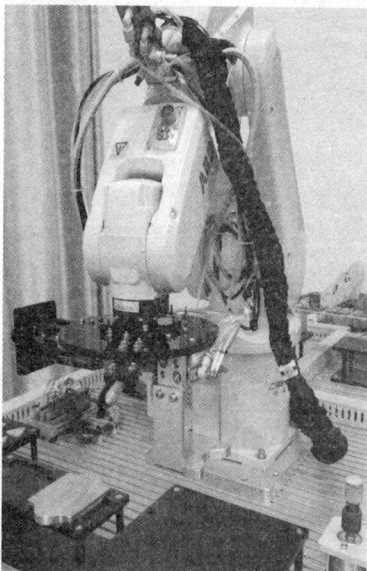

图 4-43　手动操作 ABB 工业机器人到打磨点 P13

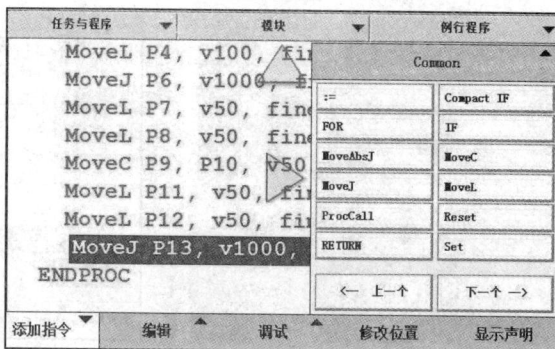

图 4-44　至 P13 指令

(16) 参照 P7 点至 P12 点的编程过程，编写工件另一边的打磨及退出打磨程序。P14 点至 P19 点的 ABB 工业机器人姿态如图 4-45 至图 4-50 所示，程序如图 4-51 所示。

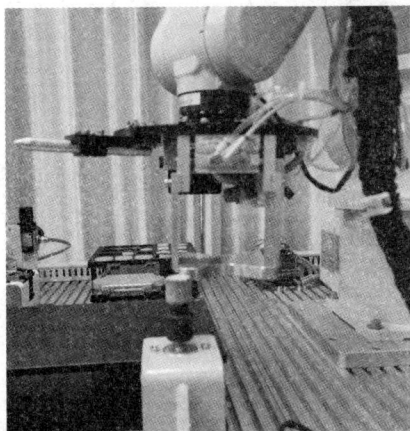

图 4-45　手动操作 ABB 工业机器人到打磨点 P14

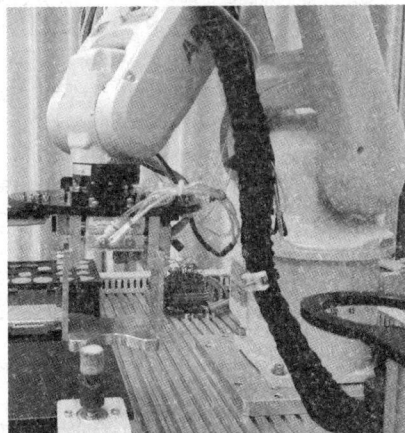

图 4-46　手动操作 ABB 工业机器人到打磨点 P15

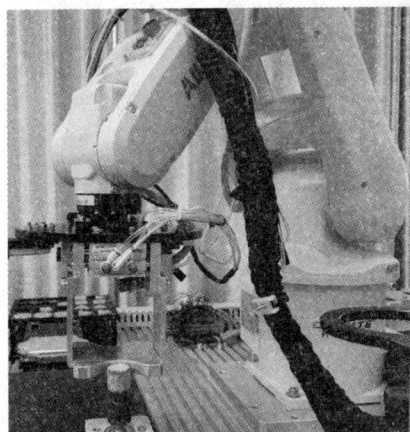

图 4-47　手动操作 ABB 工业机器人到打磨点 P16

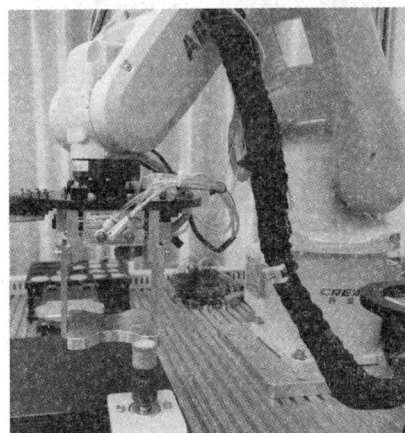

图 4-48　手动操作 ABB 工业机器人到打磨点 P17

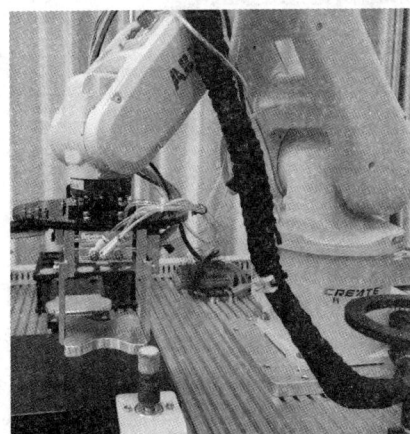

图 4-49　手动操作 ABB 工业机器人到打磨点 P18

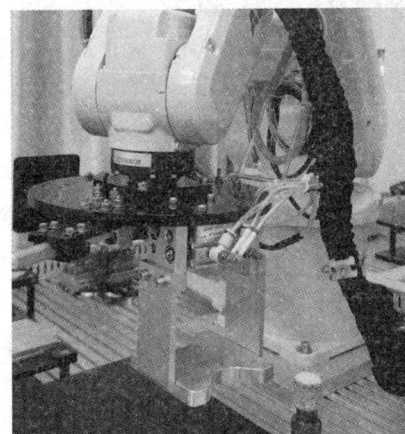

图 4-50　手动操作 ABB 工业机器人到打磨点 P19

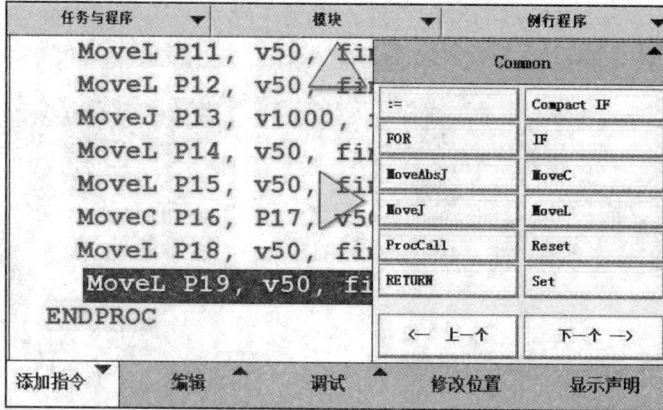

图 4-51　工件另一边打磨程序(即 P14 至 P19 指令)

(17) 手动操作 ABB 工业机器人至 P20，工件再次换边，如图 4-52 所示，准备放置工件。点击图 4-51 左下角的"添加指令"按钮，在屏幕右侧指令弹出菜单中选择 Common 指令集的"MoveJ"指令，添加机器人至 P20 指令，并建立 P20 点位数据，速度值改为"v1000"，逼近值改为"fine"，工具坐标系改为"tool2"，结果如图 4-53 所示。

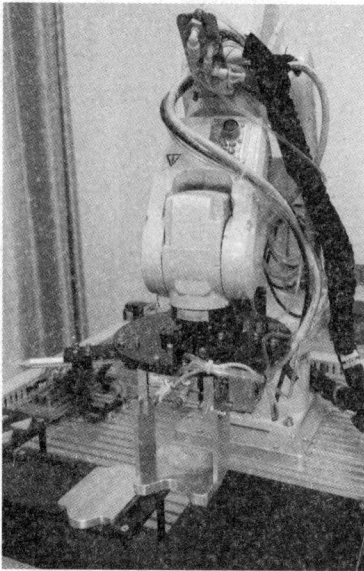

图 4-52　手动操作 ABB 工业机器人到打磨点 P20

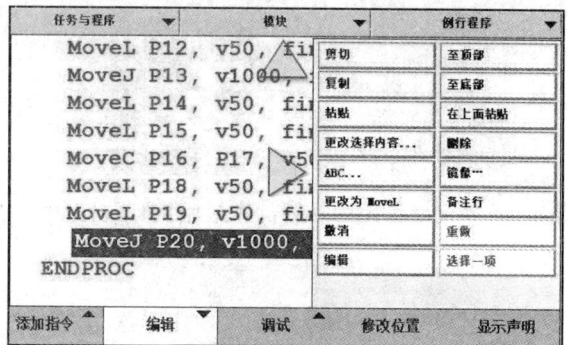

图 4-53　至 P20 指令

(18) 选择图 4-27 中 P4、P5 指令行，点击"编辑"→"复制"按钮。选择图 4-53 中 P20 指令行，点击"粘贴"按钮，再次添加机器人至 P4、P5 指令，放置工件，指令如图 4-54 所示。

(19) 选择图 4-54 中 P5 指令行，点击左下角的"添加指令"按钮，在屏幕右侧指令弹出菜单中选择 I/O 指令集的"Reset"指令，在弹出的对话框中选择"do4"，点击"确定"按钮，此指令实现了气爪松开工件的功能。在屏幕右侧指令弹出菜单中选择 Common 指令集的"WaitTime"指令，在弹出界面点击"123…"按钮，输入数字"1"，依次点击"确定"按钮，延时 1 s，使气爪可靠松开，指令如图 4-55 所示。

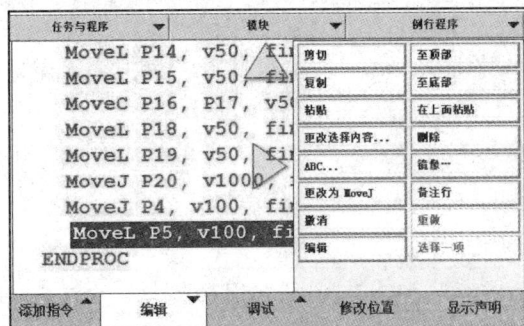

图 4-54　放回工件指令　　　　　　　图 4-55　气爪松开工件指令

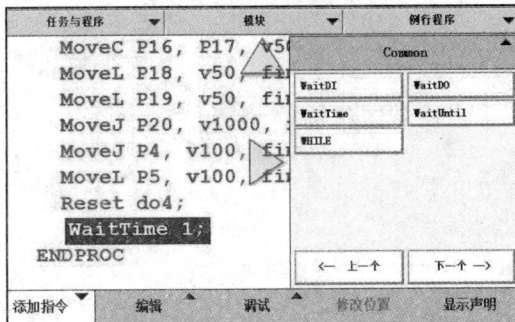

(20) 参照步骤(18)，再次复制、粘贴 P4 至 P1 指令行，使 ABB 工业机器人返回原点，如图 4-56 所示。至此完成打磨程序编写，完整程序如图 4-57 所示。

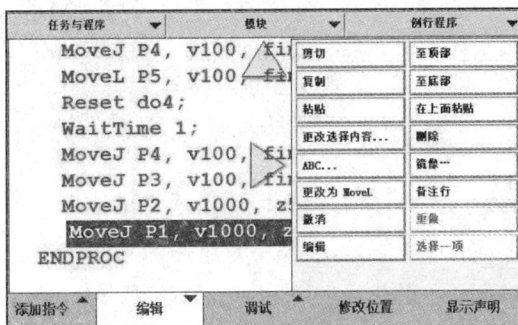

图 4-56　机器人返回原点指令

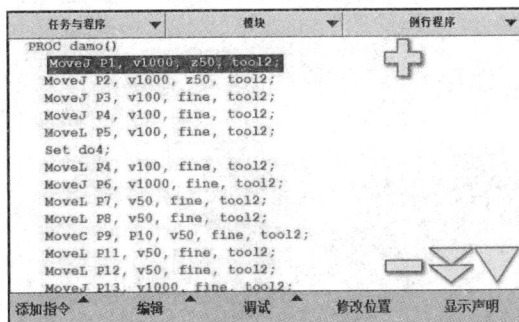

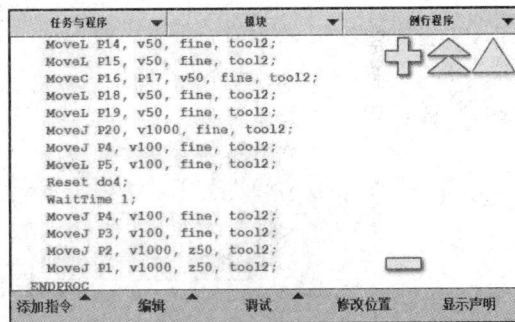

图 4-57　打磨程序

(21) 手动运行程序，观察机器人的运行轨迹，注意运行速度以及 ABB 工业机器人与平台的干涉情况，并进一步优化机器人姿态。自动运行程序，ABB 工业机器人自行完成打磨抛光任务。

五、问题探究

(一) ABB 工业机器人 I/O 通信种类

ABB 工业机器人提供了丰富的 I/O 通信接口，可以轻松地与周边设备进行通信，如表 4-15 所示。

关于 ABB 工业机器人 I/O 通信接口说明如下：

(1) ABB 标准 I/O 板提供的常用处理信号有数字输入 di、数字输出 do、模拟输入 ai、模拟输出 ao 和输送链跟踪。

(2) ABB 工业机器人可以选配标准 ABB 的 PLC，省去了原来与外部 PLC 进行通信设置的麻烦，并且在 ABB 工业机器人示教器上就能实现 PLC 相关操作。

表 4-15 ABB 工业机器人 I/O 通信种类

PC	现场总线	ABB 标准
RS232 通信	Device Net[2]	标准 I/O 板
OPC server	Profibus[2]	PLC
Socket Message[1]	Profibus-DP[2]	……
—	Profinet[2]	……
—	EtherNet IP[2]	……

注：① 为一种通信协议；② 为不同厂商推出的现场总线协议。

(二) I/O 信号监控与操作

对 I/O 信号进行监控是为了获得所有输入输出信号地址、状态等信息。通过操作打开输入、输出页面，可以看到所有定义的信号，也可以对 I/O 信号状态或数值进行相应的仿真和强制操作，以便在 ABB 工业机器人调试和检修时使用。

1. "输入输出"页面操作

点击触摸屏左上角的开始下拉菜单→"输入输出"，在"输入输出"页面右下角点击"视图"→"I/O 设备"，打开"I/O 设备"页面，选择"d652"，点击触摸屏下方"信号"，显示"d652"上的信号，如图 4-58 所示，可以看到前期所定义的信号，通过该页面可对信号进行监控、仿真和强制操作。

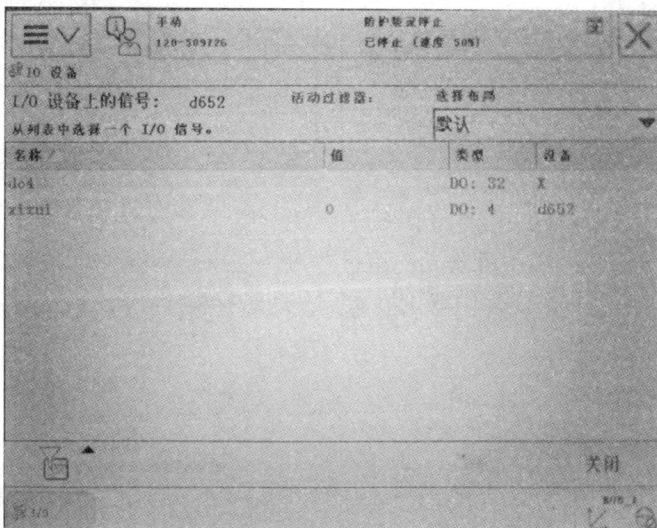

图 4-58 "d652"上的信号

2. 对 I/O 信号进行仿真和强制操作

选中图 4-58 中的信号"do4"，点击"仿真"按钮，如图 4-59 所示，然后选择"0"或"1"选项，可以将"do4"的状态仿真置位为 0 或 1。仿真结束后点击"清除仿真"按钮，取消仿真。直接选择"0"或"1"选项，可以对"do4"的状态进行强制置位。

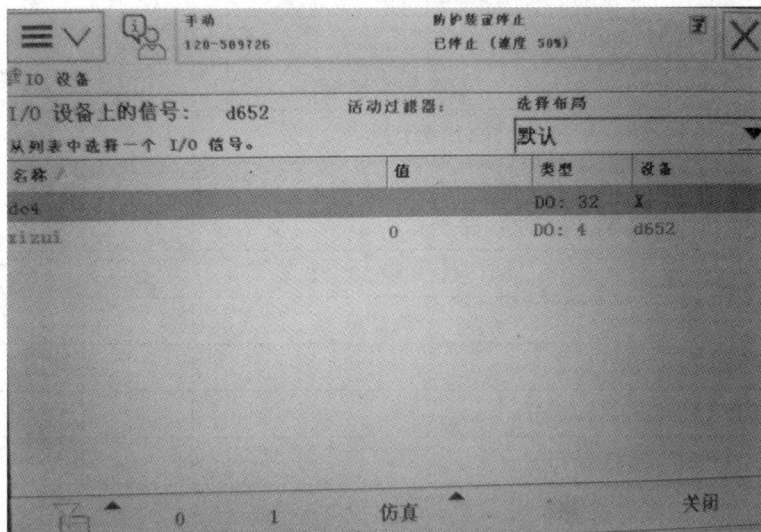

图 4-59　"do4"的状态仿真置位为 0 或 1

六、知识拓展——ABB 工业机器人在打磨抛光行业中的应用

在工业产品加工过程中去毛刺、打磨、抛光是生产中的必要环节，人工操作生产效率低下，且精度、合格率也不尽如人意。打磨抛光机器人是应用于打磨、抛光作业中的一类工业机器人，代替传统手工打磨。打磨机器人(见图 4-60)打磨具有更高的效率和精度，生产成本低，并且可以使劳动者脱离高粉尘、高噪声的生产环境，有利于维护劳动者的身心健康。

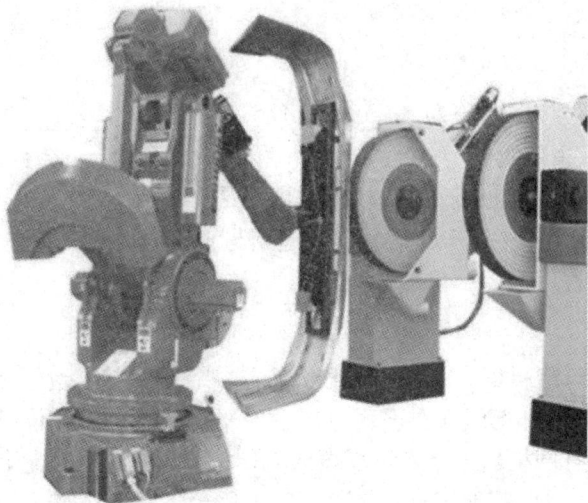

图 4-60　工业机器人在打磨抛光行业中的应用

七、评价反馈

学习完本项目后，填表 4-16。

表 4-16 评 价 表

序号	评 估 内 容	自评	互评	师评
基本素养(30 分)				
1	纪律(无迟到、早退、旷课)(10 分)			
2	安全规范操作(10 分)			
3	团结协作能力、沟通能力(10 分)			
理论知识(20 分)				
1	I/O 指令的认知(5 分)			
2	DSQC651 的认知(5 分)			
3	DSQC652 的认知(5 分)			
4	I/O 通信的认知(5 分)			
技能操作(50 分)				
1	运动规划和程序流程图的制定(10 分)			
2	示教前的准备和程序新建(10 分)			
3	示教编程(20 分)			
4	打磨抛光轨迹的调试与自动运行(10 分)			
综 合 评 价				

练 习 题

1. 填空题

(1) 输入输出信号按方向分为＿＿＿＿、＿＿＿＿、＿＿＿＿和＿＿＿＿。

(2) DSQC652 板主要提供＿＿＿＿个数字输入信号、＿＿＿＿个数字输出信号。

(3) IRB120 机器人标配 D652 I/O 板默认地址是＿＿＿＿。

(4) I/O 控制指令用于控制 I/O 信号，以达到与机器人周边设备进行＿＿＿＿的目的。

(5) 机器人编辑程序后，试机的操作前应当＿＿＿＿。

2. 选择题

(1) 工具主动型打磨机器人是通过机器人末端执行器夹持＿＿＿进行工作的。

A. 打磨工具　　　B. 打磨工件　　　C. 工作平台　　　D. 变位机

(2) 工件主动型打磨机器人是通过机器人末端执行器夹持＿＿＿进行工作的。

A. 打磨工具　　　B. 打磨工件　　　C. 工作平台　　　D. 变位机

(3) 小型工件适合采用机器人＿＿＿方式打磨。

A. 工具主动性　　　　　　　　B. 工件主动型

C. 多台协作　　　　　　　　　D. 变位机配合

(4) 工件主动型打磨机器人夹具安装必须满足____、不能影响机器人运动。

A. 工件加紧　　　B. 速度快　　　C. 成本低　　　　D. 使用方便

(5) 下列指令解释不正确的是____。

A. J：用直线插补方式移动到示教位置

B. L：以直线插补方式移动到示教位置

C. CALL：调出指定程序　　　　D. C：以圆弧插补方式移动到示教位置

3. 判断题

(1) DSQC 652 标准板配置有数字输入输出接口和 DeviceNet 接口。　　（　　）

(2) 可以为 WaitDO/WaitDI 指令设定等待最长时间，超时机器人未等到信号，则自动执行后面指令。　　（　　）

(3) 机器人抓取的物体重量只要不超过额定负载即可，无需考虑物体重心所处位置。

　　　　　　　　　　　　　　　　　　　　　　　　　　　　　（　　）

(4) DeviceNet 和 ProfibusDP 都是 ABB 机器人常用的现场总线通讯。　（　　）

(5) 如果使用指令 WaitUntill，机器人会无限制等下去，直到满足条件出现。（　　）

4. 操作题

编程实现对图 4-1 所示的工件 2 进行打磨操作。

项目五　ABB 工业机器人搬运码垛编程与操作

一、学习目标

(1) 了解 ABB 工业机器人搬运码垛基本知识。

(2) 掌握重复执行指令、动作触发指令和偏移功能。

(3) 掌握数组、数据的复制。

(4) 能使用示教器进行 ABB 工业机器人基本操作和编程。

(5) 能安全启动 ABB 工业机器人，并遵守安全操作规程进行机器人操作。

(6) 能根据搬运码垛任务进行 ABB 工业机器人运动规划、工具坐标系测定、搬运码垛作业示教编程以及搬运码垛程序调试和自动运行。

(7) 能进行码垛节拍优化。

二、工作任务

(一) 任务描述

如图 5-1 所示，手动将木块放置在流水线末端(间断放 8 个木块)，ABB 工业机器人从流水线末端吸取木块，搬运至码垛平台，并按图 5-1 所示进行码垛。

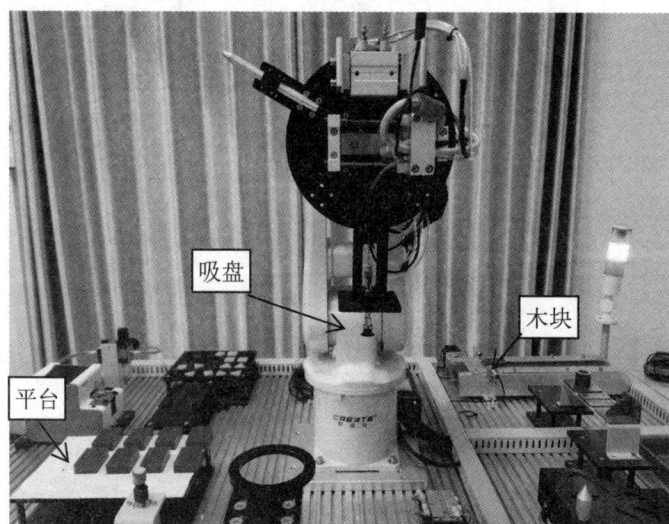

图 5-1　搬运码垛作业平台

（二）所需设备和材料

本任务所需设备为 ABB 工业机器人搬运码垛工作站，如图 5-1 所示。

（三）技术要求

（1）示教模式下机器人速度百分比不超过 10 %，自动模式下机器人速度百分比通常选用较低的速度，不超过 30 %。

（2）机器人与周围任何物体不得有干涉。

（3）示教器不得随意放置，不得跌落，以免损坏触摸屏。

（4）示教过程中不能损坏吸盘、木块。

（5）搬运码垛过程中工件不得与周围物体有任何干涉。

三、知识储备

（一）FOR 重复执行判断指令

FOR 重复执行判断指令用于一个或多个指令需要重复执行数次的情况，其语句格式如下：

FOR Loop counter FROM Start value TO End value [STEP Step value]

DO ... ENDFOR

其中：

（1）Loop counter：定义了当前循环计数器数值的数据名称，并自动声明该数据，如果循环计数器名称与实际范围中存在的任意数据相同，则将现有数据隐藏在 FOR 循环中，且在任何情况下均不受影响；

（2）Start value：表示循环计数器的期望起始值(通常为整数值)，数据类型为 num；

（3）End value：表示循环计数器的期望结束值(通常为整数值)，数据类型为 num；

（4）Step value：表示循环计数器在各循环的增量(或减量)值(通常为整数值)，数据类型为 num，如果未指定该值，则自动将步进值设置为1(或者如果起始值大于结束值，则设置为−1)。

例如：

FOR i FROM 1 TO 10 DO

routine1;

ENDFOR

该程序段实现的功能为重复 routine1 无返回值程序 10 次。

（二）Offs 偏移功能

Offs 偏移功能以选定的目标点为基准，沿着选定工件坐标系的 X、Y、Z 轴方向偏移一定的距离，其格式如下：

Offs (Point XOffset YOffset ZOffset)

其中：

(1) Point：表示有待移动的位置数据，数据类型为 robtarget；

(2) XOffset：表示工件坐标系中 X 方向的位移，数据类型为 num；

(3) YOffset：表示工件坐标系中 Y 方向的位移，数据类型为 num；

(4) ZOffset：表示工件坐标系中 Z 方向的位移，数据类型为 num。

例如：

　　MoveL Offs(P2, 0, 0, 10), v1000, z50, tool1;　!将机械臂移动至距位置 P2 沿 Z 轴方向 10 mm 的一个点

　　P1 := Offs (P1, 5, 10, 15);　!将机械臂位置 P1 沿 X 轴方向移动 5 mm，沿 Y 轴方向移动 10 mm，沿 Z 轴
　　　　　　方向移动 15 mm

(三) RelTool 偏移功能

RelTool 偏移功能用于将通过有效工具坐标系表达的位移或旋转增加至机械臂位置，其格式如下：

　　RelTool (Point Dx Dy Dz [\Rx] [\Ry] [\Rz])

其中：

(1) Point：输入机械臂位置，该位置的方位规定了工具坐标系的当前方位，其数据类型为 robtarget；

(2) Dx：表示工具坐标系 X 方向的位移，以 mm 计，数据类型为 num；

(3) Dy：表示工具坐标系 Y 方向的位移，以 mm 计，数据类型为 num；

(4) Dz：表示工具坐标系 Z 方向的位移，以 mm 计，数据类型为 num；

(5) [\Rx]：表示围绕工具坐标系 X 轴的旋转，以度计，数据类型为 num；

(6) [\Ry]：表示围绕工具坐标系 Y 轴的旋转，以度计，数据类型为 num；

(7) [\Rz]：表示围绕工具坐标系 Z 轴的旋转，以度计，数据类型为 num。

例如：

　　MoveL RelTool (P1, 0, 0, 100), v100, fine, tool1;　!沿工具的 Z 轴方向，将机械臂移动至距 P1 为 100 mm
　　　　　　处位置

　　MoveL RelTool (P1, 0, 0, 0 \Rz:= 25), v100, fine, tool1;　!将工具围绕其 Z 轴旋转 25°

如果同时指定两次或三次旋转，则将首先围绕 X 轴旋转，随后围绕新的 Y 轴旋转，然后围绕新的 Z 轴旋转。

(四) 动作触发指令

TriggL 动作触发指令用于线性运动过程中，在指定位置准确地触发事件(如置位输出信号、激活中断等)。可以定义多种类型的触发事件，如 TriggIO(触发信号)、TriggEquip(触发装置动作)、TriggInt(触发中断)等。

以触发装置动作类型为例，如图 5-2 所示，在准确位置触发机器人夹具动作通常采用此种类型触发事件。例如：

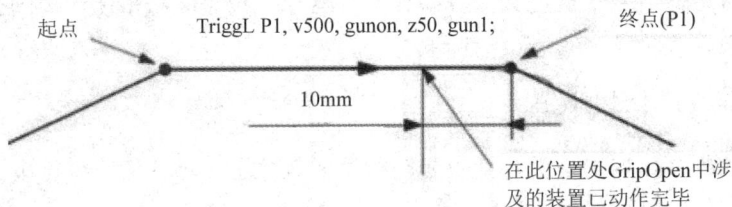

图 5-2　触发指令示例

VAR triggdata GripOpen;　　!定义触发数据 GripOpen

TriggEquip GripOpen, 10, 0.1 \DOp:=doGripOn, 1;　!定义触发事件 GripOpen，在距离指定目标点

前 10 mm 处，并提前 0.1 s (用于抵消设备动

作延迟时间)触发指定事件：将数字输出信号

doGripOn 置为 1

TriggL P1, v500, GripOpen, z50, tGripper;　　!执行 TriggL，调用触发事件 GripOpen，即机器人 TCP

在朝向 P1 点运动过程中，在距离 P1 点前 10 mm 处，

且再提前 0.1 s 将 doGripOn 置为 1

　　例如，为提高节拍时间，在控制吸盘夹具动作过程中，在吸取产品时需要提前打开真空，在放置产品时需要提前释放真空，为了能够准确触发吸盘夹具动作，通常采用 TriggL 指令来对其进行控制。

　　注意：如果在触发距离后面添加可选参变量\Start，则触发距离的参考点不再是终点，而是起点。

　　例如：

　　　　TriggEquip GripOpen, 10\Start, 0.1 \DOp:=doGripOn, 1;

　　　　TriggLP1, v500,GripOpen, z50,tGripper;

其功能是：在机器人 TCP 向 P1 点的运动过程中，离开起点后 10 mm 处，并且提前 0.1 s 触发 GripOpen 事件。

(五) 数组应用

　　数组是有序的元素序列，可以将有限个同种类型、同种用处的数据集合起来。在程序编写过程中，当需要调用大量的同种类型、同种用处的数据时，可以在创建数据时利用数组来存放这些数据，这样便于在编程过程中对其进行灵活调用。当调用数组数据时，需要写明索引号来指定调用的是该数组中的哪个数据。在 RAPID 中可以定义一维数组、二维数组以及三维数组。

　　例如：

　　　　VAR num numl{3}:={3,5,7}　　　　　!定义一维数组 numl

　　　　num2:=numl{2}　　　　　　　　　　!num2 被赋值为 5

　　　　VAR num numl{3,4}:={[1,2,3,4][5,6,7,8][9,10,11,12]}　!定义二维数组 numl

　　　　num2:=numl{3,2}　　　　　　　　　!num2 被赋值为 10

在大量 I/O 信号调用过程中，也可以先将 I/O 进行别名操作，即将 I/O 信号与信号数据关联，然后再将这些信号数据定义为数组类型，这样在程序编写中便于对同类型、同用处的信号进行调用。

(六) 复杂程序数据赋值

多数类型的程序数据均是组合型数据，即里面包含了多项数值或字符串。用户可以对其中的任何一项参数进行赋值。

例如，程序中常见的目标点数据：

　　PERS　robtarget　P10 :=[[0,0,0],[1,0,0,0],[0,0,0,0],[9E9,9E9,9E9,9E9,9E9,9E9]];

　　PERS　robtarget　P20 :=[[100,0,0],[0,0,1,0],[1,0,1,0],[9E9,9E9,9E9,9E9,9E9,9E9]];

目标点数据里面包含了四组数据，从前往后依次为 TCP 位置数据[0,0,0](trans)、TCP 姿态数据[1,0,0,0](rot)、轴配置数据[1,0,1,0](robconf)、外部轴数据(extax)。

用户可以分别对该数据的各项数值进行操作，如：

　　P10.trans.x:=P20.trans.x+50;

　　P10.trans.y:=P20.trans.y-50;

　　P10.trans.z:=P20.trans.z+100;

　　P10.rot:=P20.rot;

　　P10.robconf:=P20.robconf;

则赋值后 P10 为：

　　PERS　robtarget　P10 :=[[150,-50,100],[0,0,1,0],[1,0,1,0],[9E9,9E9,9E9,9E9,9E9,9E9]];

四、实践操作

(一) 搬运码垛轨迹规划

1. 运动规划

要完成搬运码垛程序的示教编程，首先要进行运动规划，即要进行任务规划、动作规划和路径规划，如图 5-3 所示。

(1) 任务规划。任务规划要完成的任务是将流水线末端的一个立方体木块搬运至码垛平台区进行码垛，因此机器人搬运动作可分解为"吸取木块""搬运木块"和"放置木块"三个任务。

(2) 动作规划。动作规划是将每一个任务分解为机器人的一系列动作。"吸取木块"可以进一步分解为"回原点""移到木块上方安全点""移动到木块吸取点""吸取木块"；"搬运木块"可以进一步分解为"退到木块上方安全点""移动到堆垛区上方安全点""移到放置点"；"放置木块"可以进一步分解为"释放木块""退回至堆垛区上方安全点"。读者可参照图 3-9 自行进行运动规划图绘制。

(3) 路径规划。路径规划将每一个动作分解为机器人 TCP 运动轨迹。考虑到机器人姿态以及机器人与周围设备的干涉，每一个动作需要对应一个或多个点来形成运动轨迹。例如，"回原点"对应 Home 点(P1)，"移到木块上方安全点"对应移动经过参考点

P2(中间点)至 P3 点。轨迹路线为：P1→P2→(P3→P4→P3→P2→P1→P5→P6→P5→P1→P2)→(P3→P4→P3→P2→P1→P7→P8→P7→P1→P2)→…→(P3→P4→P3→P19→P20→P19→P1→P2)。

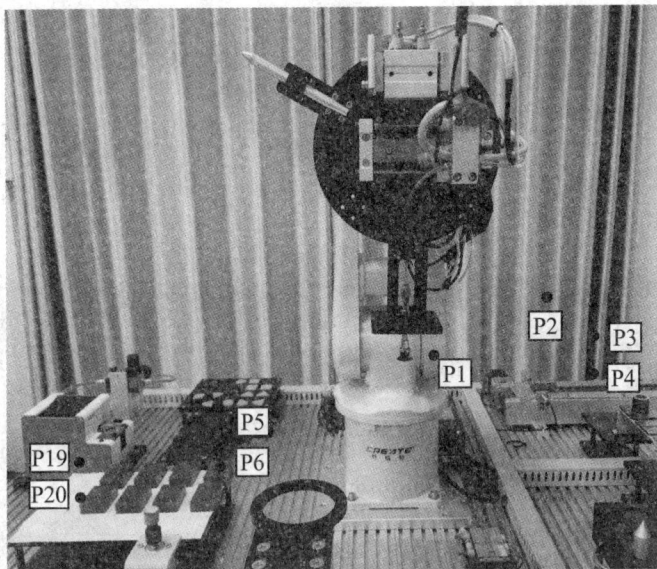

图 5-3　机器人运动规划

2. 程序流程图的制定

ABB 工业机器人搬运码垛程序的整个工作流程包括"吸取木块""搬运木块"和"放置木块"三个主要步骤。程序流程图如图 5-4 所示。

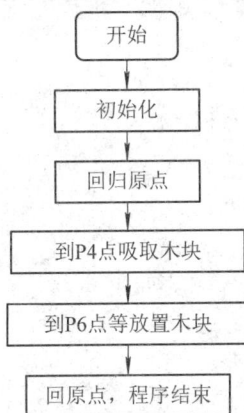

图 5-4　程序流程图

(二) 示教前的准备

1. 参数设置(包含坐标系、运动模式、速度)

项目一描述了 ABB 工业机器人四种坐标系：大地坐标、基坐标、工具坐标和工件坐标系以及四种运动模式：轴 1-3、轴 4-6、线性运动、重定位。选定轴 1-3 和轴 4-6 模式，可以手动控制机器人各轴单独运动；选定线性模式，可以手动控制机器人在相应坐标系下运动。

项目一指出了手动操作时手动速度/自动速度的设定，为安全起见，通常选用较低速度。

在示教过程中，需要在一定的运动模式、坐标系和操作速度下手动控制机器人达到一定位置，因此在示教运动指令前，必须选定好运动模式、坐标系和速度。

2. 工具坐标系测量

工具为吸盘，由于吸盘 TCP 在吸盘中间，不方便测试，因此在误差允许的情况下可选择吸盘内某个尖点进行吸盘 TCP 测试。其示例如图 5-5 所示，测试过程可参照项目二工具笔尖 TCP 测试，吸盘工具命名为 tool3。

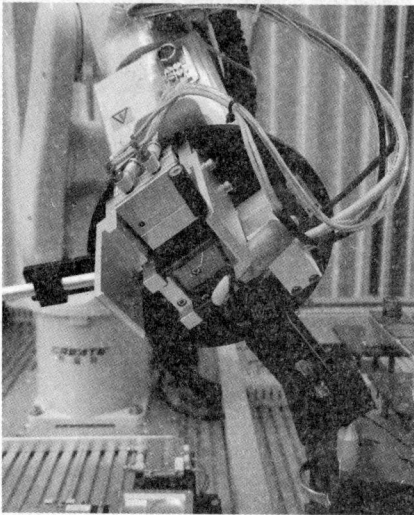
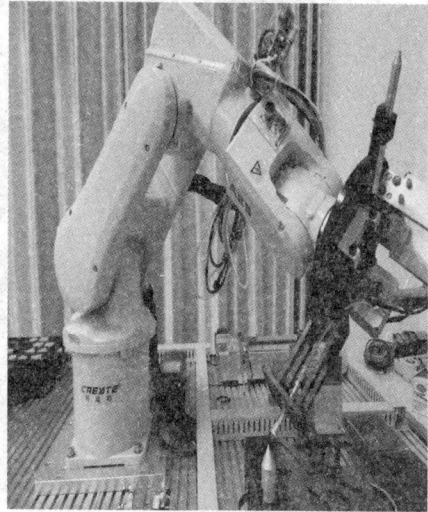

(a) 第一点　　　　　　　　　　　　　(b) 第二点

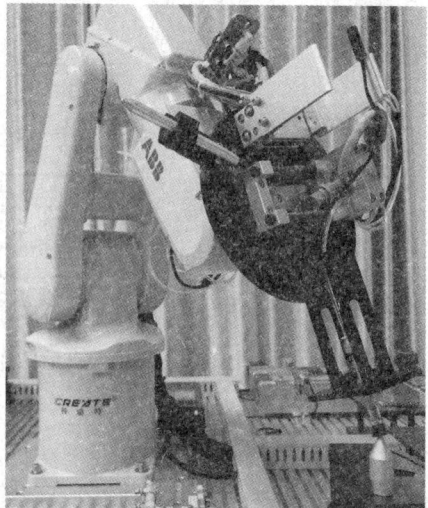

(c) 第三点　　　　　　　　　　　　　(d) 第四点

图 5-5　吸盘 TCP 测试示例

3. 工件坐标系测量

参照项目二，测试码垛平台工件坐标系 wobj2，X1 点为原点，X2 点为 X 轴方向上任意一点，Y1 为 Y 轴上任意一点，如图 5-6 所示。

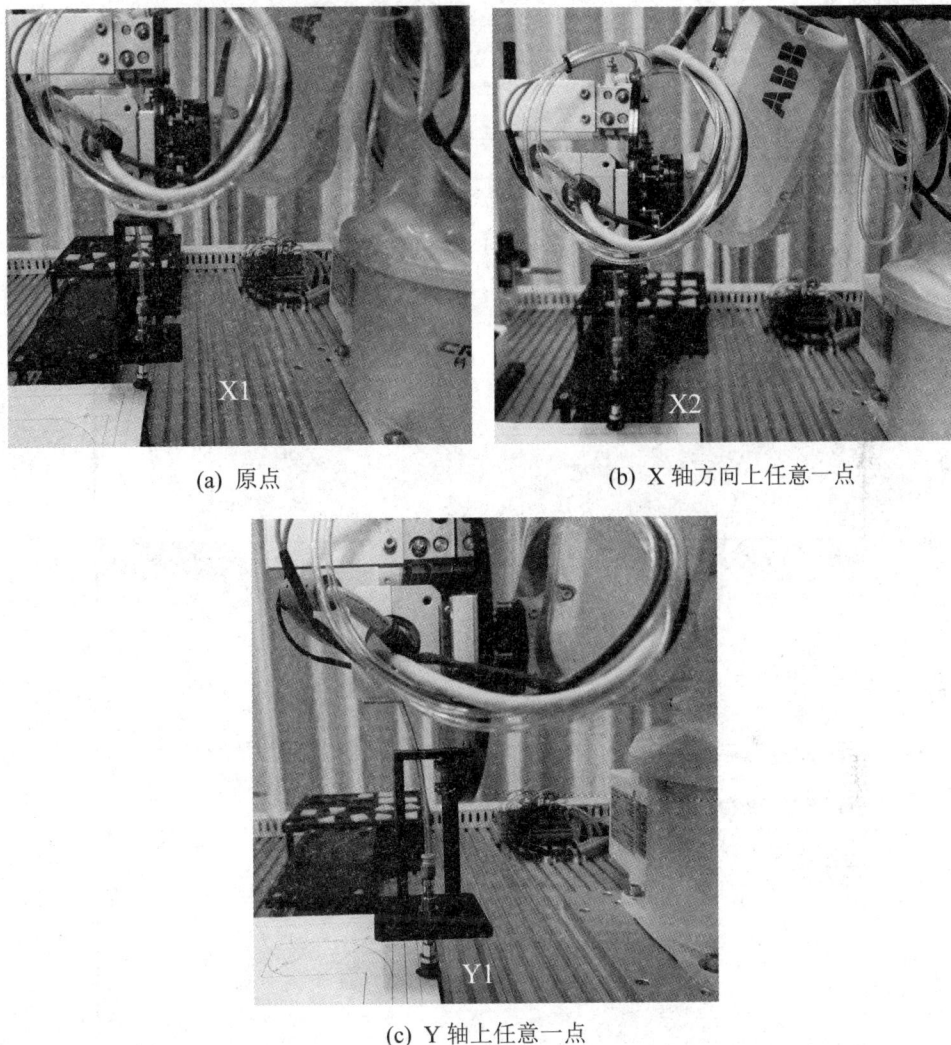

(a) 原点　　　　　　　　　　　(b) X 轴方向上任意一点

(c) Y 轴上任意一点

图 5-6　工件坐标系测量过程中 3 个点的机器人姿态实例

4. I/O 配置

使用吸盘来吸取和释放工件，吸盘真空发生器打开和关闭需要通过 I/O 接口信号控制，ABB 工业机器人控制系统提供了 I/O 通信接口，采用编号为 4 的 I/O 通信接口，参照项目四相关内容配置数字输出信号 do5。

(三) 搬运码垛示教编程

1. 特殊点位数据建立与示教

根据前述动作规划，所需新建点位信息有原点 P1、吸取点 P4、放置点 P6 共 3 个点位信息，其他点位信息可以是这 3 个点的偏移。

(1) 点击图 1-9 中的"程序数据"按钮，进入"程序数据"页面，如图 5-7 所示。如果"robtarget"不在当前页面，可点击图 5-7 右下角的"视图"按钮，选择"所有视图"，通过翻页查找到"robtarget"。

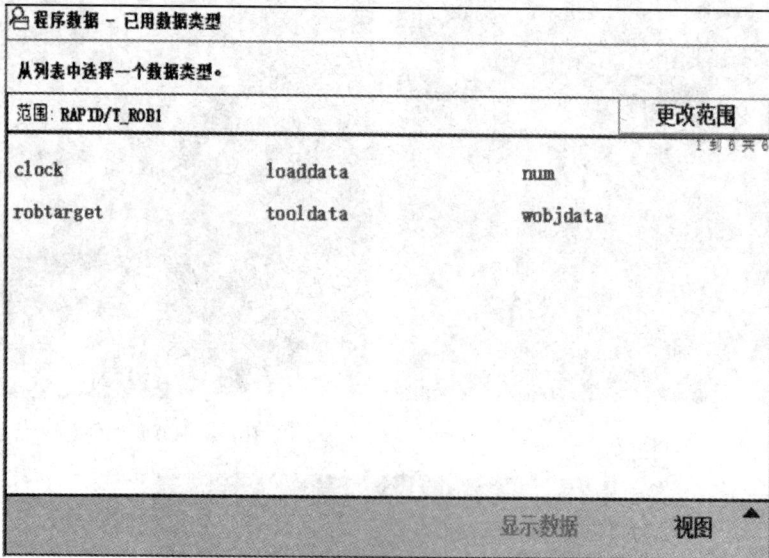

图 5-7　"程序数据"页面

(2) 在图 5-7 中，选择"robtarget"，打开点位信息编辑页面，如图 5-8 所示。

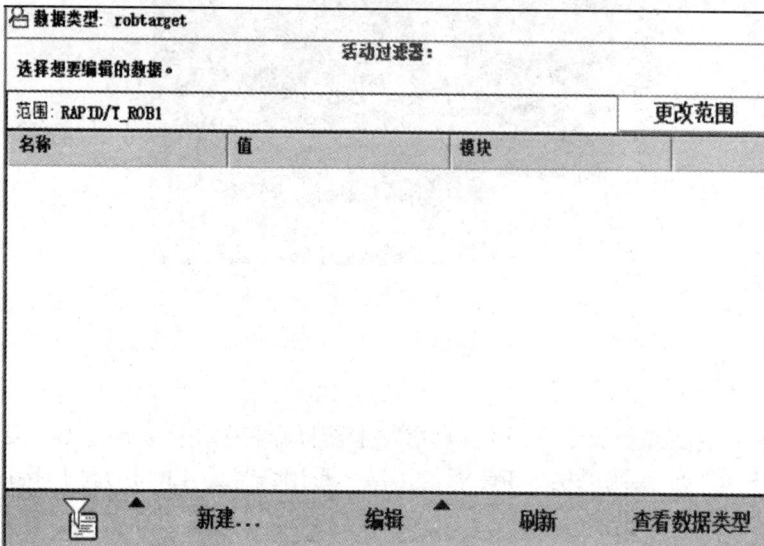

图 5-8　点位信息编辑页面

(3) 点击图 5-8 中的"新建…"按钮，连续建立 P1、P2、P4、P6 共 4 个点位信息，如图 5-9 所示。

数据类型: robtarget			
选择想要编辑的数据。	活动过滤器:		
范围: RAPID/T_ROB1			更改范围
名称	值	模块	1 到 4 共 4
P1	[[374.01,-0.01,62...	MainModule	全局
P2	[[374.01,-0.01,62...	MainModule	全局
P4	[[374.01,-0.01,62...	MainModule	全局
P6	[[374.01,-0.01,62...	MainModule	全局
新建...	编辑	刷新	查看数据类型
程序数据	手动操纵		ROB_1 1/3

图 5-9　点位信息页面

(4) 在手动模式下操作机器人，将机器人移动到上述 4 个点位信息对应的实际位置，如图 5-10 所示。

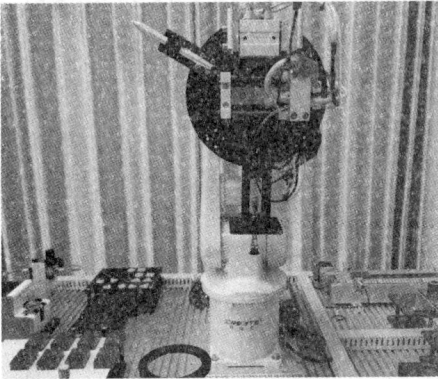

(a) P1

(b) P2

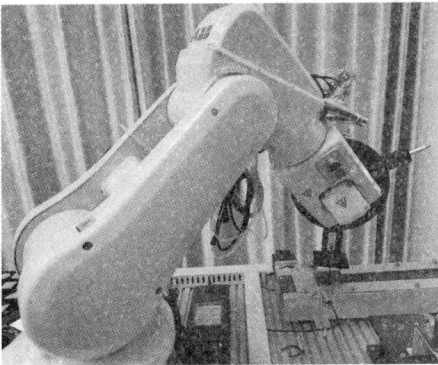

(c) P4

(d) P6

图 5-10　示教机器人轨迹点 P1、P2、P4、P6

(5) 点击图 5-8 中的"编辑"按钮，在弹出的页面中点击"修改位置"按钮，逐个修改图 5-9 所示 4 个点位的实际位置。修改完成后，4 个点位的实际数据如图 5-11 所示。

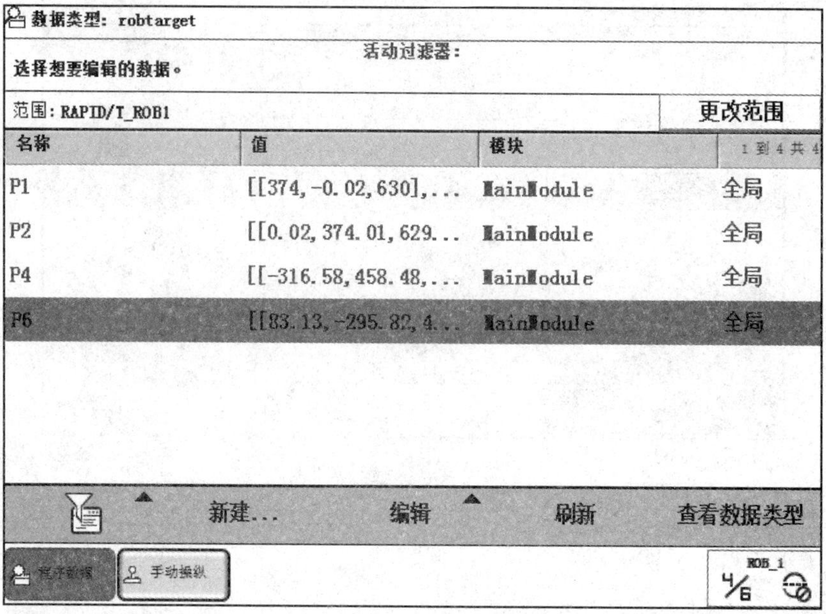

图 5-11　4 个点位的实际数据

2. 搬运码垛轨迹程序编制

(1) 在手动操纵界面，选择"线性模式"，工具坐标系为"tool3"，工件坐标系为"wobj2"。

(2) 参照项目三新建例行程序，并命名为"maduo"，点击"显示例行程序"按钮，进入"maduo"程序编辑页面，如图 5-12 所示。

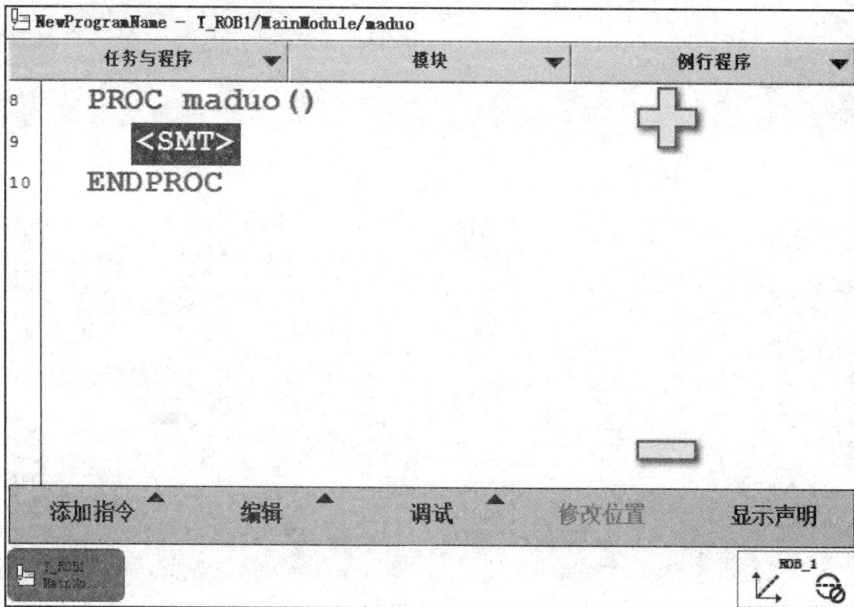

图 5-12　"maduo"程序编辑页面

(3) 点击图 5-12 左下角的"添加指令"按钮，在屏幕右侧指令弹出菜单中选择 Common 指令集的"MoveJ"指令，添加机器人返回"原点"指令，点位数据选择"P1"，逼近值改为"fine"，结果如图 5-13 所示。

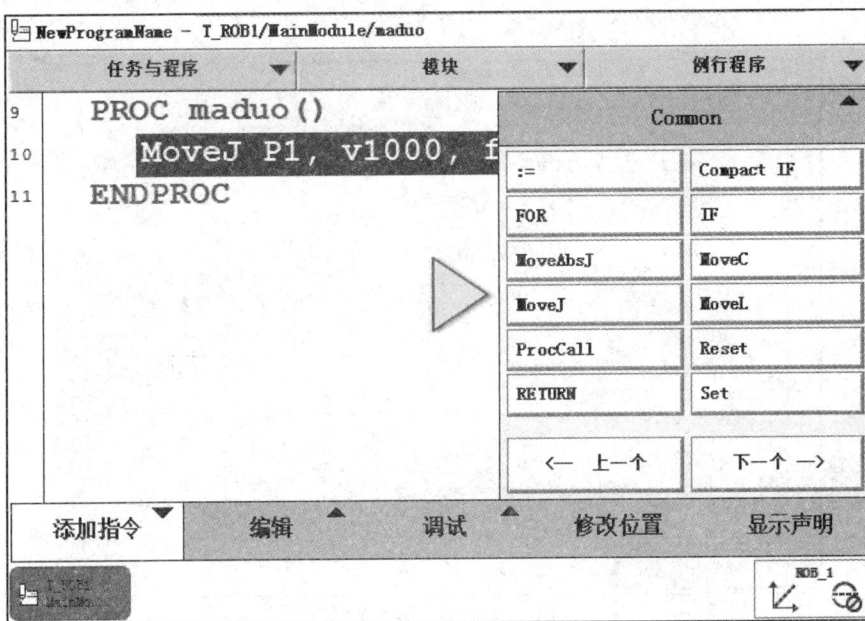

图 5-13　添加至 P1 点指令

(4) 点击图 5-13 左下角的"添加指令"按钮，在屏幕右侧指令弹出菜单中选择 Common 指令集的"MoveJ"指令，添加机器人至 P2 指令，点位数据选择"P2"，逼近值改为"fine"，结果如图 5-14 所示。

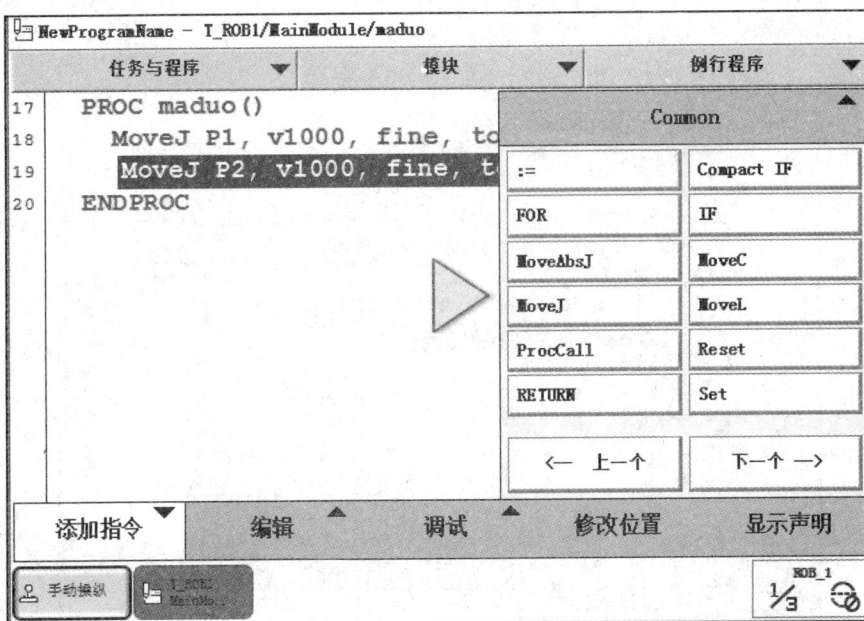

图 5-14　添加至 P2 点指令

（5）点击图 5-14 左下角的"添加指令"按钮，在屏幕右侧指令弹出菜单中选择 Common 指令集的"FOR"指令，点击"变量"，输入"i"；点击"初始值"按钮，在依次弹出的页面中选择"编辑"→"选定内容"，输入"1"；点击"结束值"按钮，在依次弹出的页面中选择"编辑"→"选定内容"，输入"4"；同样地输入内循环指令，结果如图 5-15 所示。

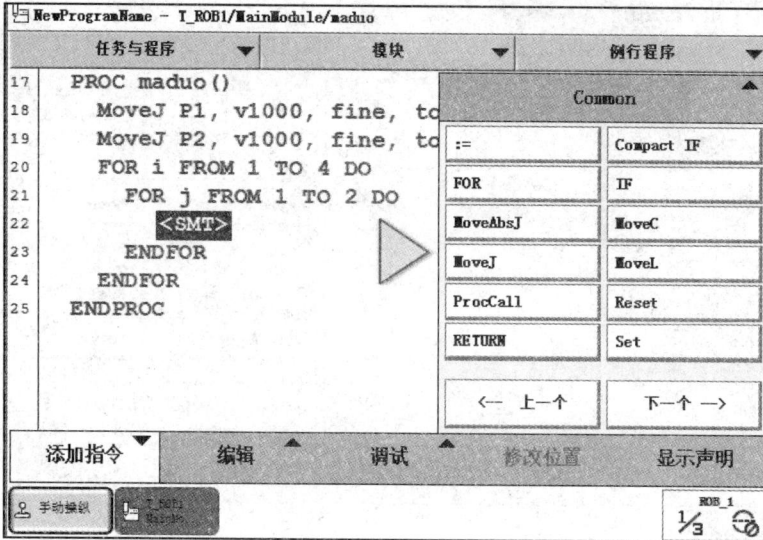

图 5-15　添加循环指令

（6）点击图 5-15 左下角的"添加指令"按钮，在屏幕右侧指令弹出菜单中选择 Common 指令集的"MoveJ"指令，添加机器人至吸取安全点(即 P3 点)指令，点击"点位数据"按钮，依次在弹出的页面中选择"功能"→"Offs"；继续选择点位数据"P4"，点击第一个偏移值，在依次弹出的页面中选择"编辑"→"限定内容"，并输入"0"，表示 X 轴偏移值为 0；同样地，输入 Y 轴偏移值 0、Z 轴偏移值 100，点击"确定"按钮，完成偏移。速度值改为"100"，逼近值改为"fine"，结果如图 5-16 所示。

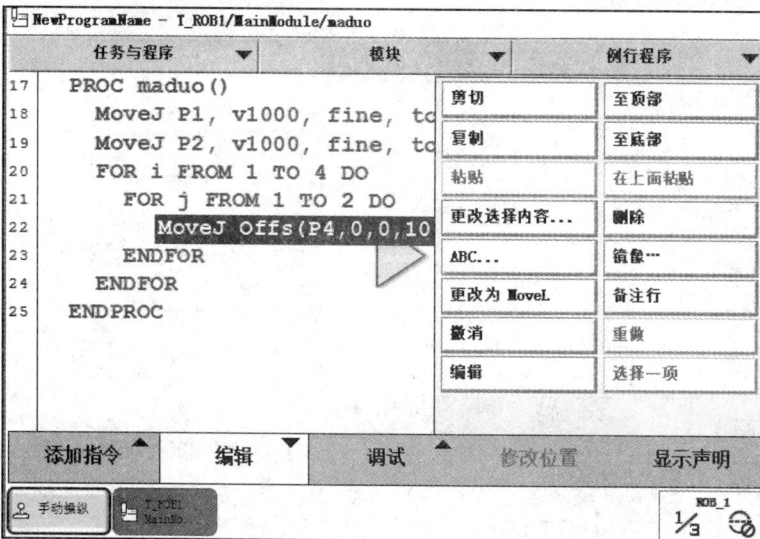

图 5-16　添加至 P3 点指令

(7) 点击图 5-16 左下角的"添加指令"按钮，在屏幕右侧指令弹出菜单中选择 Common 指令集的"MoveL"指令，添加机器人至 P4 指令，点位数据选择"P4"，逼近值改为"fine"，结果如图 5-17 所示。

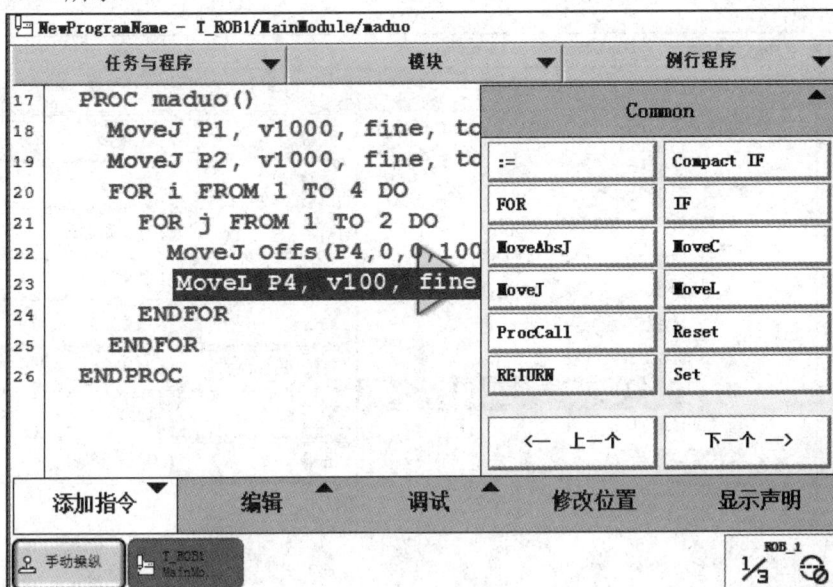

图 5-17　添加至 P4 点指令

(8) 点击图 5-17 左下角的"添加指令"按钮，在屏幕右侧指令弹出菜单中选择 I/O 指令集的"Set"指令，在弹出的页面中选择"do5"，点击"确定"按钮，此指令实现了吸盘吸取工件的功能。在屏幕右侧指令弹出菜单中选择 Common 指令集的"WaitTime"指令，在弹出的页面中点击"123…"按钮，输入数字"1"，点击"确定"按钮，延时 1s，使吸盘可靠吸取，指令如图 5-18 所示。

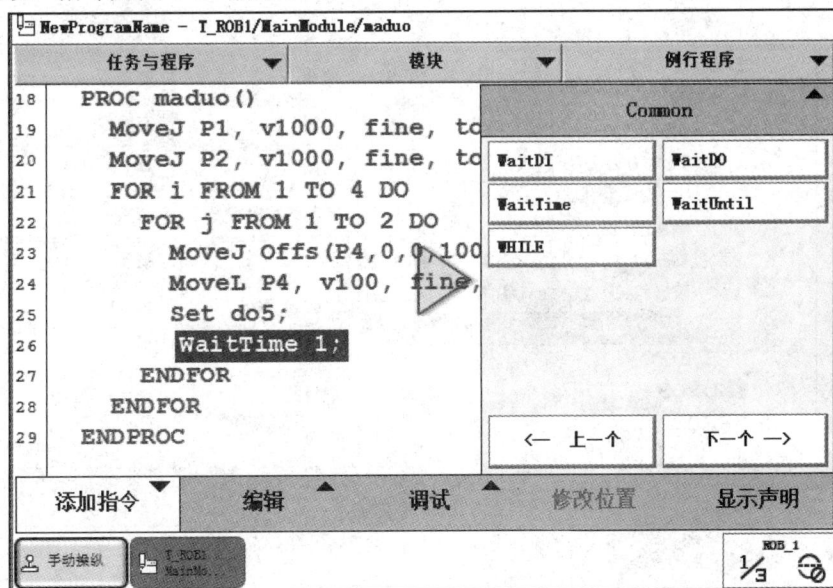

图 5-18　吸盘吸取工件

(9) 选择图 5-16 中 P3 对应的指令行，点击"编辑"→"复制"按钮；选择图 5-18 中 WaitTime 所在指令行，点击"粘贴"按钮，再次添加机器人至 P3 指令，搬运工件；点击"编辑"→"更改为 MoveL"按钮，指令修改后如图 5-19 所示。

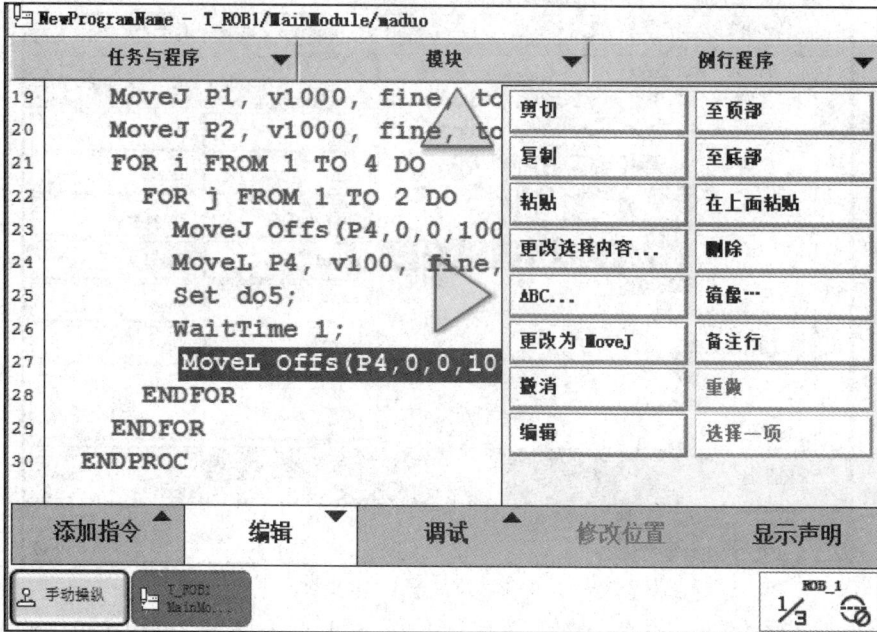

图 5-19　吸取工件后，再次返回 P3 指令

(10) 采用同样的方法复制、粘贴 P2、P1 行所在指令，即机器人在吸取工件后经 P2 至 P1，如图 5-20 所示。

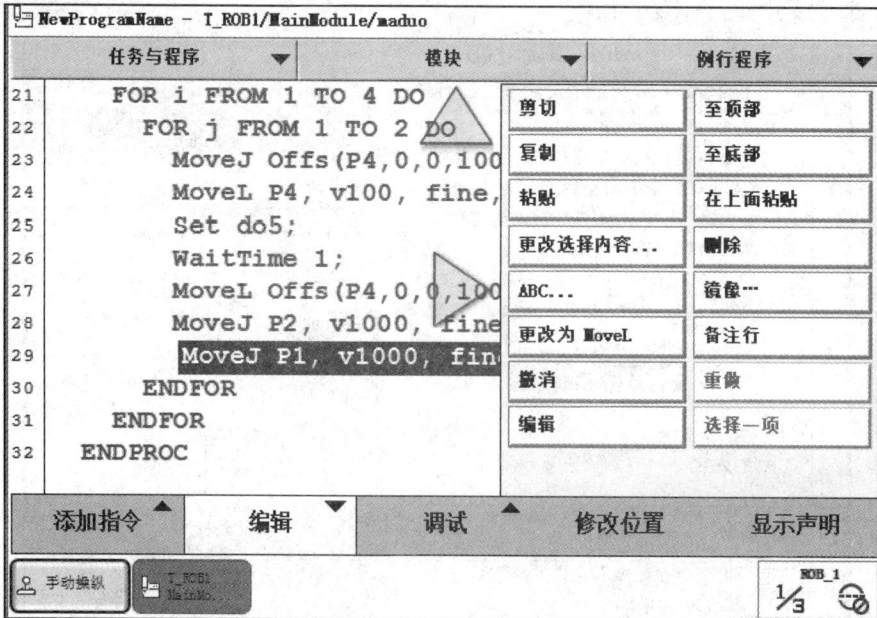

图 5-20　机器人在吸取工件后经 P2 至 P1

(11) 选择图 5-16 中 P3 对应的指令行，点击"编辑"→"复制"按钮；选择图 5-20 中 P1 所在指令行，点击"粘贴"按钮，再点击"Offs"将点位数据 P4 改为 P6，即 P5 对应指令，结果如图 5-21 所示。

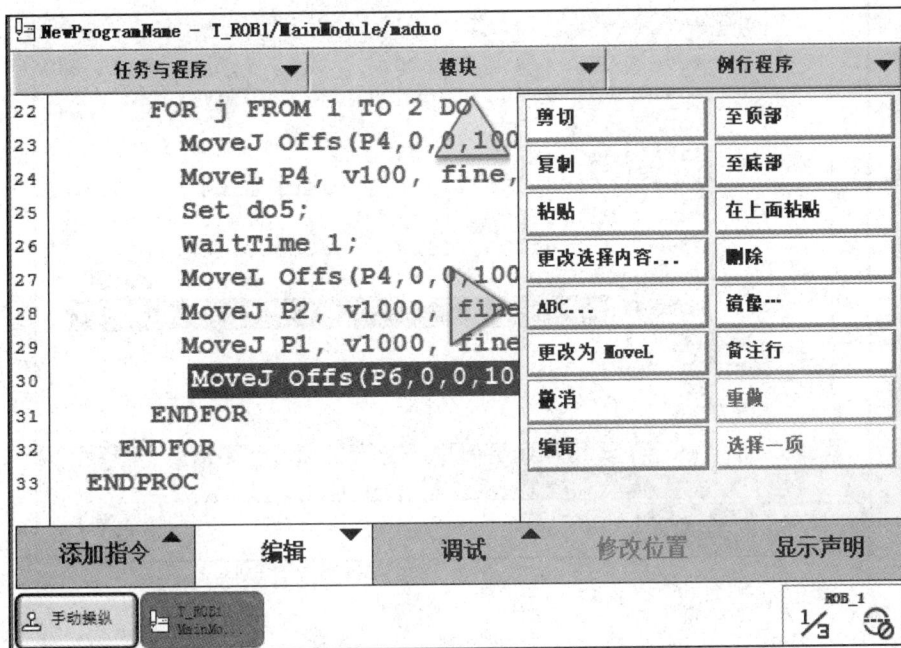

图 5-21　添加至 P5 点指令

(12) 点击图 5-21 "Offs" 指令中的 X 偏移值，将 0 修改为 "(i-1)＊60"；同样地，将 Y 偏移值修改为 "(j-1)＊80"，如图 5-22 所示。

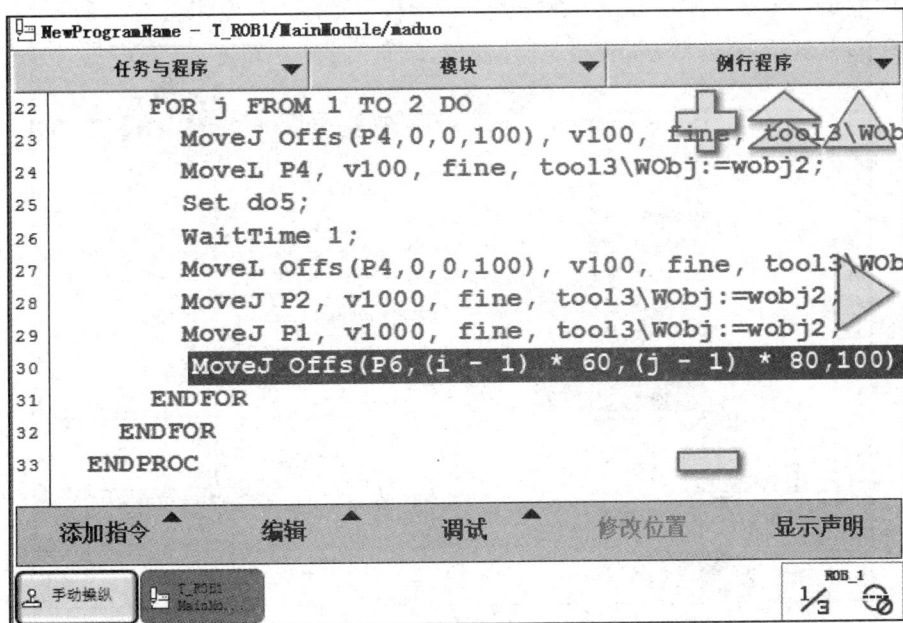

图 5-22　修改 X、Y 偏移值

(13) 选择图 5-22 中 P5 对应的指令行，依次点击"编辑"→"复制"→"粘贴"按钮，将图 5-22 "Offs"指令中的 Z 偏移值修改为"0"，结果如图 5-23 所示。

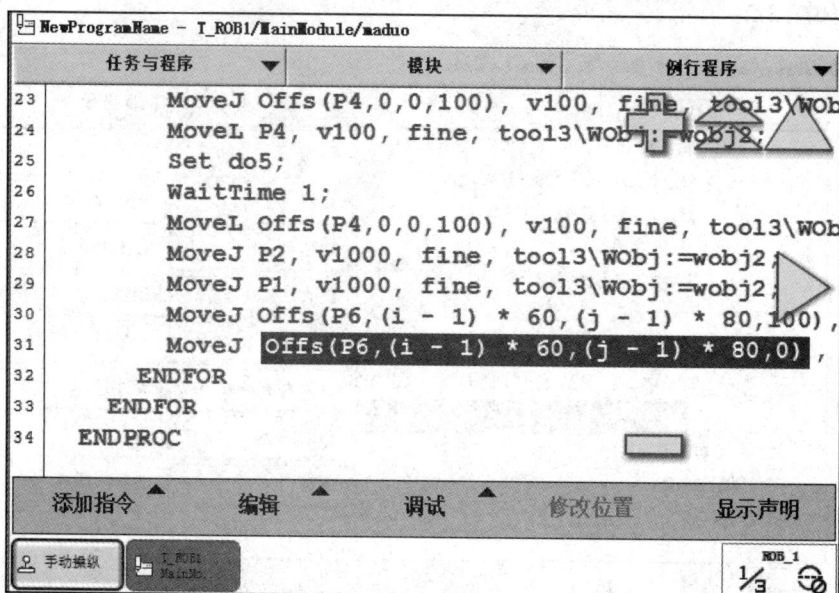

图 5-23　至 P6 等指令

(14) 选择图 5-23 中 P6 对应的指令行，点击左下角的"添加指令"按钮，在屏幕右侧指令弹出的菜单中选择 I/O 指令集的"Reset"指令，在弹出的对话框中选择"do5"，点击"确定"按钮，此指令实现了吸盘释放工件的功能。在屏幕右侧指令弹出菜单中选择 Common 指令集的"WaitTime"指令，在弹出的页面中点击"123…"按钮，输入数字"1"，并点击"确定"按钮，延时 1s，吸盘松开，平稳放置工件，指令如图 5-24 所示。

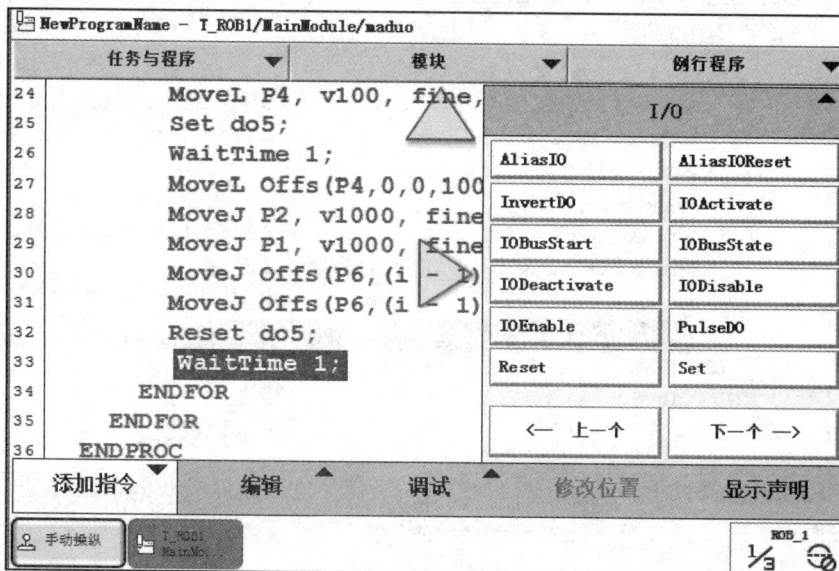

图 5-24　放置工件

(15) 选择图 5-22 中 P5 对应的指令行以及图 5-19 中 P1、P2 对应的指令行，分别完成复制、粘贴动作，使机器人返回原点，如图 5-25 所示。至此，完成了机器人搬运码垛编程，完整程序如图 5-26 所示。

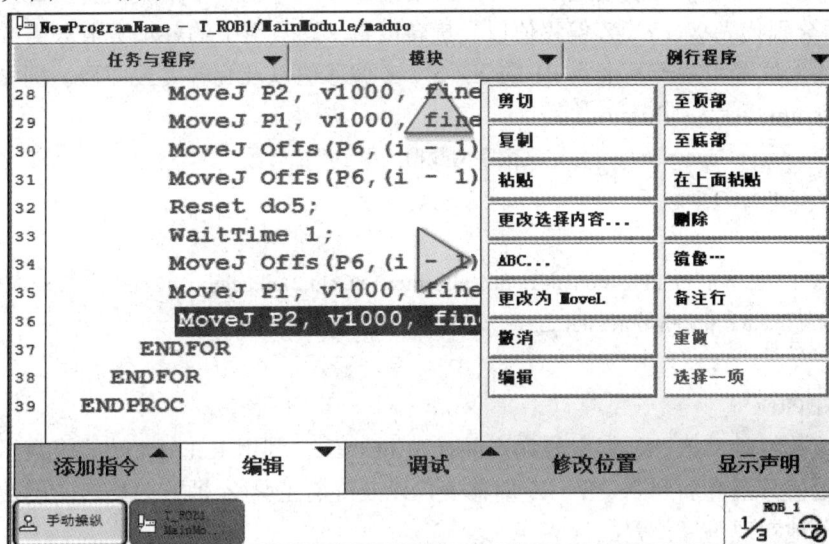

图 5-25　机器人返回原点

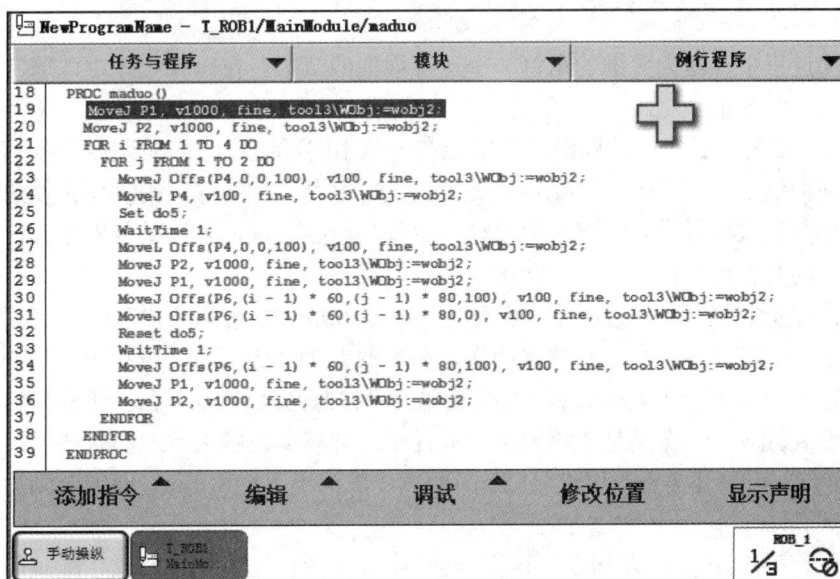

图 5-26　机器人搬运码垛程序

(16) 手动运行程序，观察机器人运行轨迹，注意运行速度以及机器人与平台的干涉情况，并进一步优化机器人姿态。自动运行程序，机器人自行完成搬运码垛任务。

五、问题探究

(一) 利用数组存储码垛位置数据

对于一些常见的码垛垛型，可以利用数组来存放各个摆放位置数据，使用时在放置程序中直接调用该数据即可。只需示教一个基准位置 P1 点，之后创建一个数组，用于存储 5 个摆放位置数据：PRES num nPosition{5,4}:=[[0,0,0,0],[600,0,0,0],[-100,500,0,-90],[300,500,0,-90], [700,500,0,-90]]。该数组中共有 5 组数据，分别对应 5 个摆放位置，每组数据中有 4 项数值，分别代表 X、Y、Z 偏移值以及旋转度数。该数组中的各项数值只需按照几何算法算出各摆放位置相对于基准点 P1 的 X、Y、Z 偏移值以及旋转度数即可。例如：假设产品长为 600 mm，宽为 400 mm。

```
PERS num nCount:=1;!        定义数字型数据，用于产品计数
PROC rPlaceO
    ⋮
MoveL RelTool (Pl, nPosition{nCount,},nPosition{ nCout,2),nPosition{nCount,3}\Rz:= nPosition{nCount,4}),V1000,fine,tGripper\WobjPallet_L;
    ⋮
ENDPROC
```

调用该数组时，第一项索引号为产品计数 nCount，利用 RelTool 功能将数组中每组数据的各项数值分别叠加到 X、Y、Z 偏移值，以及绕着工具 Z 轴方向旋转的度数之上，即可较为简单地实现码垛位置的计算。

(二) 码垛节拍优化技巧

在码垛过程中，最为关键的是每一个运行周期的节拍。在码垛程序中，通常可以在以下几个方面进行节拍优化。

(1) 在机器人运行轨迹过程中，经常会有一些中间过渡点，即在该位置机器人不会具体触发事件，例如拾取正上方位置点、放置正上方位置点、绕开障碍物而设置的一些位置点，在运动至这些位置点时应将转弯半径设置得大一些，这样可以减少机器人在转弯时的速度衰减，同时也可使机器人运行轨迹更加圆滑。

例如：在拾取放置动作过程中，机器人在拾取和放置之前需要先移动至其正上方处，之后竖直上下对工件进行拾取和放置动作。在机器人 TCP 运动至 pPrePick 和 pPrePlace 点位的运动指令中写入转弯半径 z50，这样机器人可在此两点处以半径为 50 mm 的轨迹圆滑过渡，速度衰减较小。在满足轨迹要求的前提下，转弯半径越大，运动轨迹越圆滑。但在 pPick 和 pPlace 点位处需要置位夹具动作，所以一般情况下使用 fine，即完全到达该目标点处再置位夹具。

(2) 善于运用 Trigg 触发指令，该指令使 ABB 工业机器人能按要求在准确的位置触发事件。

例如：在真空吸盘式夹具对产品进行拾取的过程中，一般情况下，拾取前需要提前打开真空，这样可以减少拾取所用的时间。假设机器人需要在拾取位置前 20 mm 处将真空完全打开，夹具动作延迟时间为 0.1 s，程序如下：

```
VAR triggdata VacuumOpen;
    ⋮
MoveJ pPrePick,vEmptyMax,z50,tGripper;
TriggEquip VacuumOpen,20,0.1\DOp:=doVacuumOpen,1;
```

```
TriggL pPick,vEmptyMin,VacuumOpen,fine,tGripper;
    ⋮
```

这样，当机器人 TCP 运动至拾取点位之前 20 mm 处将真空完全打开，从而可以快速地在工件表面产生真空状态，将产品拾取，减少了拾取所用的时间。

再如，带钩爪夹具对钩爪的控制也可采用触发指令，这样能够在保证机器人速度不衰减的情况下在准确的位置触发相应的事件。

(3) 程序中尽量少使用 WaitTime 固定等待时间指令，可在夹具上添加反馈信号，利用 WaitDI 指令，当等到条件满足时立即执行。

例如：在夹取产品时，一般预留夹具动作时间，设置等待时间过长则降低节拍，过短则可能夹具未运动到位。若用固定的等待时间 WaitTime，则不容易控制，也可能增加节拍。此时若利用 WaitDI 监控夹具到位反馈信号，则便于对夹具动作进行监控。

程序如下：

```
MoveL pPick,yEmptyMin,fine,tGripper;Set doGripper;( WaitTime 0.3;)
WaitDI diGripClose,1;
    ⋮
MoveL pPlace,yLoadMin,fine,tGripper;Reset doGripper;( WaitTime 0.3;)
    ⋮
```

在置位夹具动作时，若没有夹具动作到位信号 diGripOpen 和 diGripClose，则需要强制预留夹具动作时间 0.3 s，这样既不容易对夹具进行控制，也容易浪费时间，所以建议在夹具端配置动作到位检测开关，之后利用 WaitDI 指令监控夹具动作到位信号。

(4) 在某些运行轨迹中，机器人的运行速度设置过大容易触发过载报警。在整体满足机器人载荷能力要求的前提下，此种情况多是由于未正确设置夹具重量和重心偏移，以及产品重量和重心偏移所致。此时需要重新设置该项数据，若夹具或产品形状复杂，可调用例行程序 LoadIdentify，让机器人自动测算重量和重心偏移；同时也可利用 AccSet 指令修改机器人的加速度，在易触发过载报警的轨迹之前利用此指令降低加速度，过后再将加速度加大。

程序如下：

```
Set doGripper;
MoveL Pc.vEmpyMi.,fin, trippe;
WaitDI diGripClose,l;AccSet 70,70;
MoveL PacevL.aMi fne Gipe.Reset doGripper;
WaitDI diGripOpen,1;
AccSet 100,100;
```

在机器人有负载的情况下利用 AccSet 指令将加速度减小，在机器人空载时再将加速度加大，这样可以减少过载报警。

(5) 在运行轨迹中通常会添加一些中间过渡点以保证机器人能够绕开障碍物。在保证轨迹安全的前提下，应尽量减少中间过渡点的选取，删除没有必要的过渡点，这样机器人速度才有可能提高。

例如：机器人从 pPick 点运动至 pPlace 点时若要绕开中间障碍物，需要添加中间过渡点,此时应在保证不发生碰撞的前提下尽量减少中间过渡点的个数,规划中间过渡点位置,否则点位过于密集,不易提升机器人运行速度。

(6) 如果两个目标点之间距离较近,则机器人还未加速至指令中所设置的速度,就会开始减速,这种情况下机器人指令中设置的速度即使再大,也不会明显提高机器人的实际运行速度。

(7) 整个机器人码垛系统要合理布局,使取件点及放件点尽可能靠近;优化夹具设计,尽可能减少夹具开合时间,并尽可能减轻夹具重量;尽可能缩短机器人上下运动距离;对不需要保持直线运动的场合,用 MoveJ 代替 MoveL 指令(须事先进行低速测试,以保证机器人运动过程中不与外部设备发生干涉)。

六、知识拓展——ABB 工业机器人在搬运码垛行业中的应用

随着相关产业的不断发展以及生产技术装备的不断革新,机器人技术在包装行业中也得到了广泛的应用和推广,尤其在推动物流行业的发展中起到很大作用。国内的物流行业(如饮料、乳业、化工等)规模已经进入了准高速增长阶段,搬运码垛机器人(见图 5-27)能适应纸箱、袋装、罐装、瓶装等各种形状的包装成品码垛作业,从而推动物流高速有效运行。

物料搬运是机器人在工业领域常见的应用,搬运码垛机器人可按不同的末端执行器完成各种不同形状和状态的工件搬运工作,从而减轻人力成本。

码垛机器人系统从输送线上下料,并将工件码垛、加层垫等,一台码垛机器人对应多条输送线和码垛工位。码垛机器人确认产品号后,从抓取工位上抓取产品;按照产品对应的垛型,码放在码垛工位的空托盘上,再由叉车送入仓库;根据垛型需要,机器人自动在垛层间码放层垫纸,完成码垛作业。

搬运码垛机器人兼物流搬运、堆垛于一身,主要完成物流装卸、堆垛和短距离运输活动,其作为物流环节中一个重要的物流设备,对物流效率产生了深远影响,在物流设备中的优势明显大于搬运车。

图 5-27　工业机器人在搬运码垛行业中的应用

七、评价反馈

学习完本项目后,填表 5-1。

表 5-1 评 价 表

序号	评 估 内 容	自评	互评	师评
基本素养(30 分)				
1	纪律(无迟到、早退、旷课)(10 分)			
2	安全规范操作(10 分)			
3	团结协作能力、沟通能力(10 分)			
理论知识(20 分)				
1	重复执行指令的认知(5 分)			
2	动作触发指令的认知(5 分)			
3	数组及其应用的认知(5 分)			
4	复杂程序赋值的认知(5 分)			
技能操作(50 分)				
1	运动规划和程序流程图的制定(10 分)			
2	示教前的准备和程序新建(10 分)			
3	示教编程(20 分)			
4	搬运码垛轨迹的调试与自动运行(10 分)			
综 合 评 价				

练 习 题

1. 填空题

(1) 关于搬运机器人的 TCP，吸盘类一般设置在_____。

(2) 指令"VAR num reg1{3}:=[1,2,3];reg2:=reg1{2};"中，reg2 被赋值为_____。

(3) 指令"VAR num reg1{3,4}:=[[1,2,3,4], [5,6,7,8], [9,10,11,12]];reg2:=reg1{3,2};"中，reg2 被赋值为_____。

(4) 基于工件坐标系下的 XYZ 平移的函数是_____。

(5) 基于工具坐标系下的 XYZ 平移的函数是_____。

2. 选择题

(1) 搬运机器人轨迹规划有____。

A. 工作原点—取料点—放料点

B. 工作原点—取料过渡点—取料点—放料点

C. 工作原点—取料过渡点—取料点—放料过渡点—放料点

D. 以上都不对

(2) 装盘码垛是指在托盘上装放同一形状的立体形包装物品，可以采取各种交错咬合的办法码垛，这样可以保证托盘具有足够的稳定性，甚至不需要再用其他方式加固。下列属于托盘上货体码放方式的是____。

  A. 重叠式　　　　　　　　　　B. 纵横交错式

  C. 旋转交错式　　　　　　　　D. 以上都是

(3) 在码垛工作站，常会用到 FOR 指令用于编写位置逻辑计算程序段，该指令有____作用。

  A. 测试　　　　　B. 计算　　　　　C. 循环　　　　　D. 偏移

(4) 码垛示教前准备有____。

  A. 运动规划　　　B. 动作规划　　　C. 路径规划　　　D. 以上都有

(5) 以下不属于机器人码垛的主要优点的是____。

  A. 码垛速度快　　　　　　　　B. 动作稳定和提高码垛准确性

  C. 改善工人劳作条件，摆脱有毒、有害环境

  D. 定位准确，保证批量一致性

3. 判断题

(1) 使用工具坐标偏移函数 RelTool 时，可以只设定从开始位置绕 X、Y、Z 轴的偏差角度。　　　　　　　　　　　　　　　　　　　　　　　　　　（　　）

(2) "复制""粘贴"一条指令时，默认粘贴内容为在光标上面。　　　（　　）

(3) 动作指针(MP)所在位置是机器人当前正在执行的指令。　　　（　　）

(4) Offs 偏移指令参考的坐标系是工件坐标系。　　　　　　　　　（　　）

(5) RelTool 偏移指令参考的坐标系是工具坐标系。　　　　　　　（　　）

4. 操作题

对图 5-1 所示工件，采用数组进行码垛操作与编程。

项目六　ABB 工业机器人涂胶作业虚实结合编程与操作

一、学习目标

(1) 了解工业机器人仿真应用技术和 RobotStudio(6.05 版)软件操作界面。

(2) 了解离线轨迹编程关键要点。

(3) 掌握 Smart 组建应用。

(4) 掌握轴参数配置、目标点调整。

(5) 能够进行工业机器人工作站布局。

(6) 能够创建工件坐标、工具坐标并对其进行设置。

(7) 能够进行机器人离线轨迹编程，模拟仿真机器人运动轨迹。

(8) 能使用 RobotStudio 软件与机器人进行连接、文件传送等操作。

(9) 能够根据涂胶任务进行虚拟编程以及现场操作与调试。

二、工作任务

(一) 任务描述

如图 6-1 所示工作站导入 RobotStudio 软件，进行工作站布局，并对仿真台上 W 形轨迹进行涂胶作业的离线编程。连接实际工作站，把程序导入示教器，在现场对 W 形轨迹进行程序调试和运行。

(二) 所需设备和材料

本任务所需设备为 ABB 工业机器人工作站，如图 6-1 所示。此外，还需要 RobotStudio 软件和 ABB 工业机器人工作站数模。

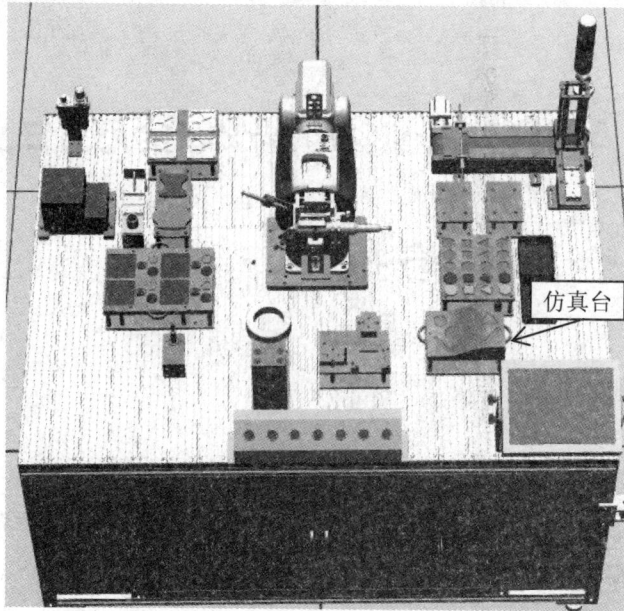

图 6-1　ABB 工业机器人工作站

(三) 技术要求

(1) 示教模式下机器人速度百分比不超过 10 %，自动模式下机器人速度百分比通常选用较低的值，一般不超过 30 %。

(2) 机器人与周围任何物体不得有干涉。

(3) 示教器不得随意放置，不得跌落，以免损坏触摸屏。

(4) 不能损坏工具笔。

(5) 涂胶过程中工件不得与周围物体有任何干涉。

(6) 工具笔距离轨迹不超过 5 mm。

三、知识储备

(一) RobotStudio 软件的主要功能

1. CAD 导入

RobotStudio 软件可方便地导入各种主要的 CAD 格式模型数据，包括 IGES、STEP、VRML、VDAFS、ACIS 和 CATIA 等。通过使用此类非常精确的 3D 模型数据，机器人程序设计员可以设计更为精确的机器人程序，从而提高产品质量。

2. 自动路径生成

自动路径生成是 RobotStudio 软件最节省时间的功能之一。通过使用待加工部件的 CAD 模型，可在短短几分钟内自动生成跟踪曲线所需的机器人位置。如果人工执行此项任务，则可能需要数小时或数天。

3. 自动分析伸展能力

该功能可让操作者灵活移动机器人或工件，直至所有位置均可达到，可在短短几分钟内完成验证和优化工作单元布局的任务。

4. 碰撞检测

在 RobotStudio 软件中，可以对机器人在运动过程中与周边设备发生碰撞的可能性进行验证与确认，以确保机器人离线编程得出的程序的可用性。

5. 在线作业

使用 RobotStudio 软件与真实机器人进行连接通信，对机器人进行便捷监控、程序修改、参数设定、文件传送及备份恢复等操作，使调试与维护工作更轻松。

6. 模拟仿真

根据设计，在 RobotStudio 软件中进行工业机器人工作站的动作模拟仿真以及周期节拍，为工程的实施提供真实的验证。

7. 应用功能包

针对不同的应用推出功能强大的工艺功能包，将机器人更好地与工艺应用有效融合。

(二) RobotStudio 软件界面

(1) "文件"功能选项卡，包含创建新工作站、创造新机器人系统、连接到控制器、将工作站另存为查看器的选项和 RobotStudio 选项，如图 6-2 所示。

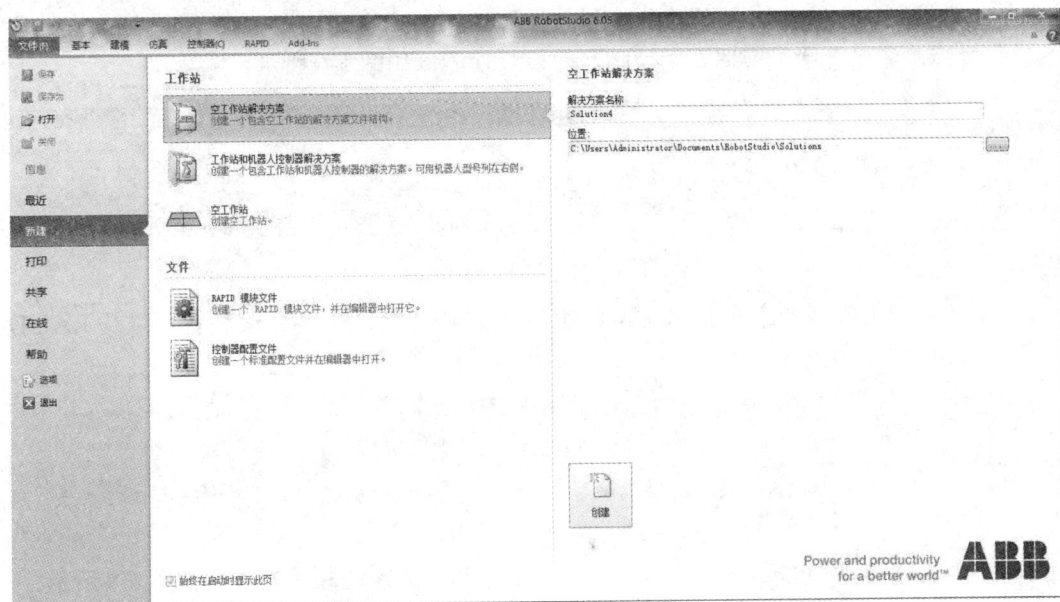

图 6-2　"文件"功能选项卡

(2) "基本"功能选项卡，包含建立工作站、创建系统、路径编程和摆放物体所需的控件，如图 6-3 所示。

图6-3　"基本"功能选项卡

(3) "建模"功能选项卡，包含创建和分组工作站组建、创建实体、测量以及其他 CAD 操作所需的控件，如图 6-4 所示。

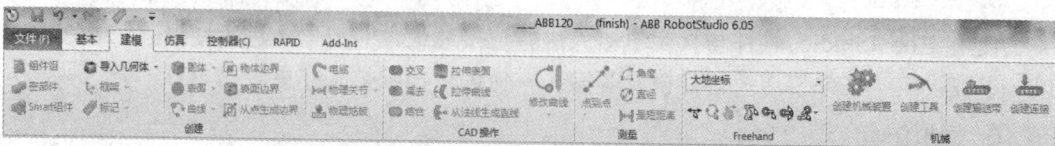

图6-4　"建模"功能选项卡

(4) "仿真"功能选项卡，包含创建、控制、监控和记录仿真所需的控件，如图 6-5 所示。

图6-5　"仿真"功能选项卡

(5) "控制器"功能选项卡，包含用于虚拟控制器(VC)的同步、配置和分配给它的任务控制措施，还包含用于管理真实控制器的控制功能，如图 6-6 所示。

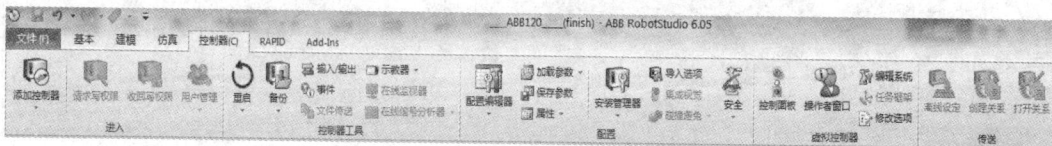

图6-6　"控制器"功能选项卡

(6) "RAPID"功能选项卡，包括 RAPID 编辑器功能、RAPID 文件管理以及 RAPID 编程的其他控件，如图 6-7 所示。

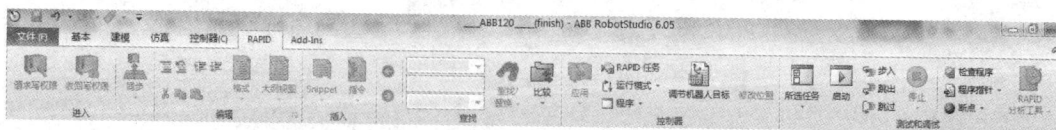

图6-7　"RAPID"功能选项卡

(7) "Add-Ins"功能选项卡，包含 PowerPacs 和 VSTA 的相关控件，如图 6-8 所示。

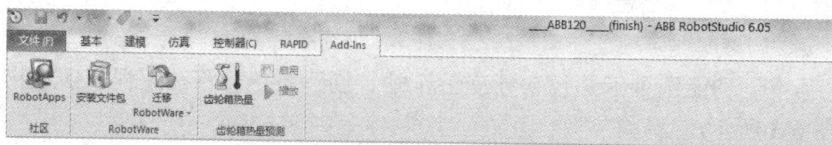

图6-8　"Add-Ins"功能选项卡

四、实践操作

(一) 涂胶仿真工业机器人工作站的建立

(1) 打开 RobotStudio 软件(本项目采用 6.05 版本)，点击"文件"→"新建"菜单项，选择"空工作站"，点击"创建"按钮，创建一个新的空工作站，如图 6-9 所示。

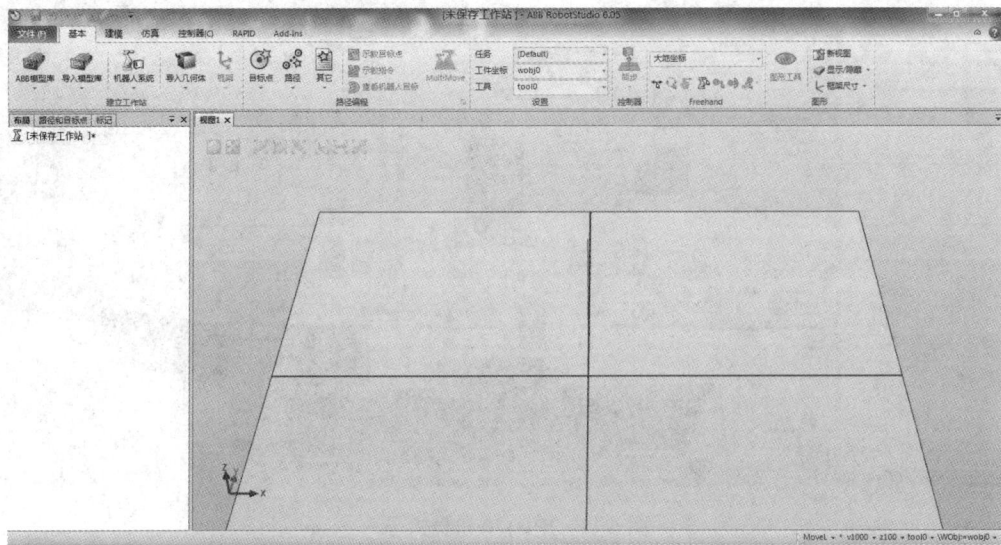

图 6-9 新空工作站

(2) 依次点击"基本"→"导入几何体"→"浏览几何体"菜单项，选择"从三维绘图软件转换的图形文件"，本项目采用实验室使用的实训平台数字模型"ABB120 多功能工作站平台"，如图 6-10 所示。

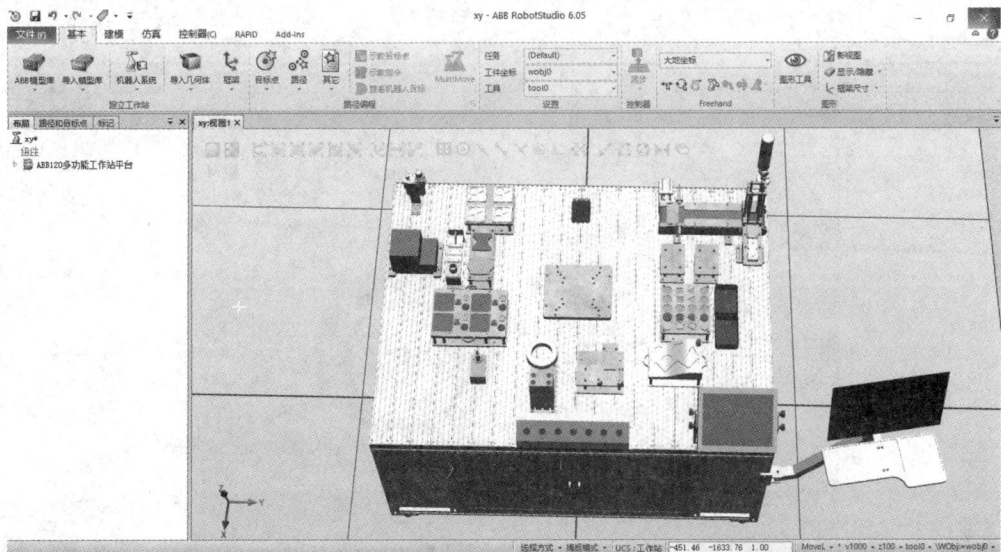

图 6-10 "ABB120 多功能工作站平台"导入

（3）点击"基本"→"ABB 模型库"菜单项，选择"IRB120"，在弹出页面点击"确定"按钮，导入机器人，并把机器人位置设定在平台的机器人固定底座上，如图 6-11 所示。

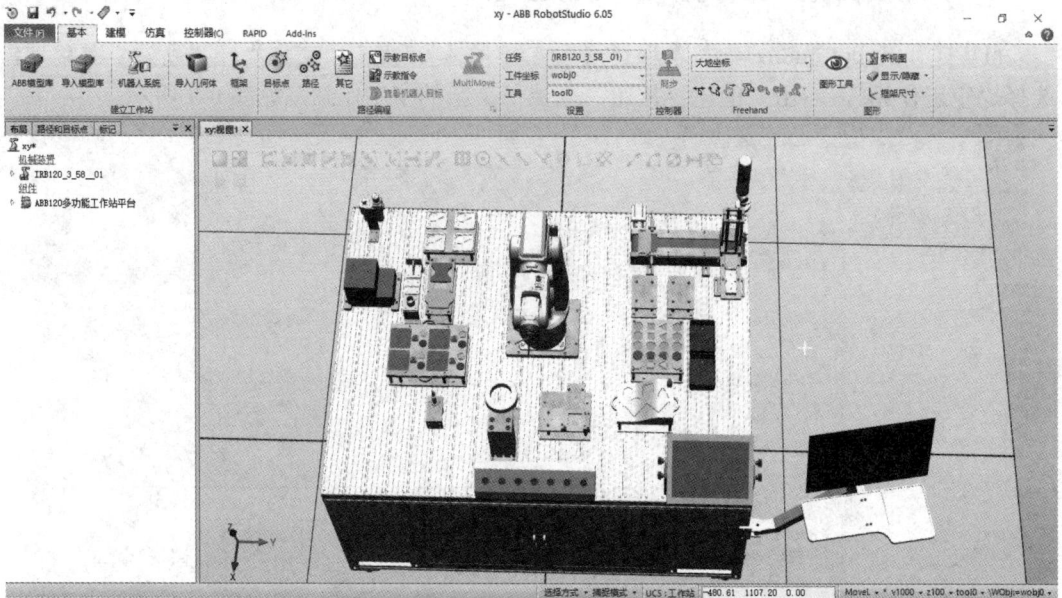

图 6-11　IRB120 机器人导入

（4）依次点击"基本"→"导入几何体"→"浏览几何体"菜单项，导入末端夹具，并把"ABB120 多功能工作站平台"和"IRB120_3_58_01"设置为不可见，即把工作台和机器人隐藏，如图 6-12 所示。

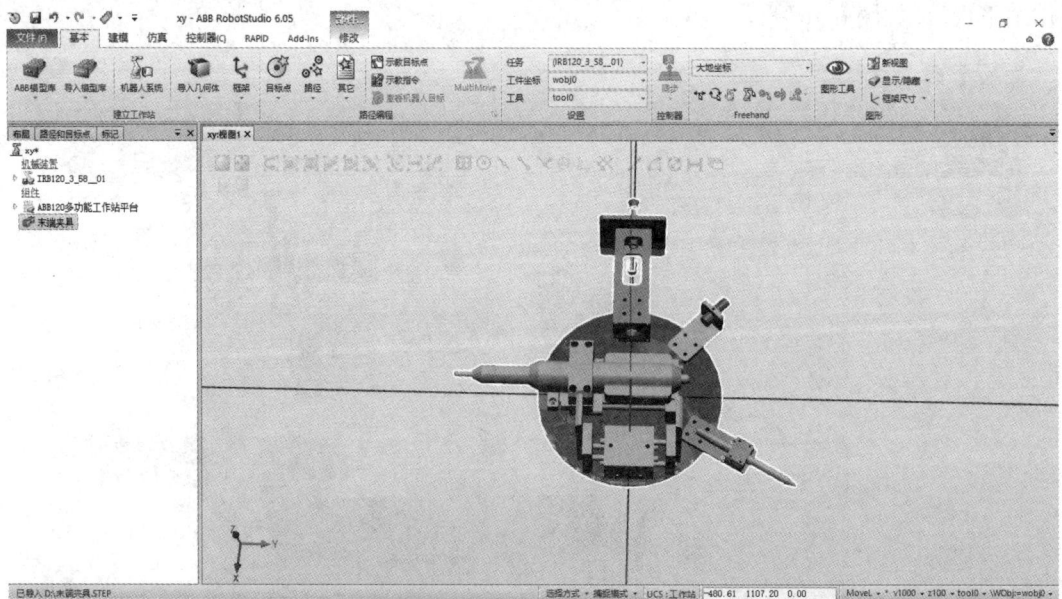

图 6-12　末端夹具导入

(5) 按住"Ctrl+Shift"键以及鼠标左键，旋转末端夹具，使末端夹具法兰盘可见。右键布局栏末端夹具，点击"设定本地原点"按钮，选择特征设定为"选择表面"，捕捉特征设定为"圆心"，鼠标捕捉末端夹具法兰盘圆心。此时，显示"设置本地原点"对话框，如图6-13所示，可设置本地X、Y、Z值，方向全部设为0，即保持现有方向，然后点击"应用"按钮。

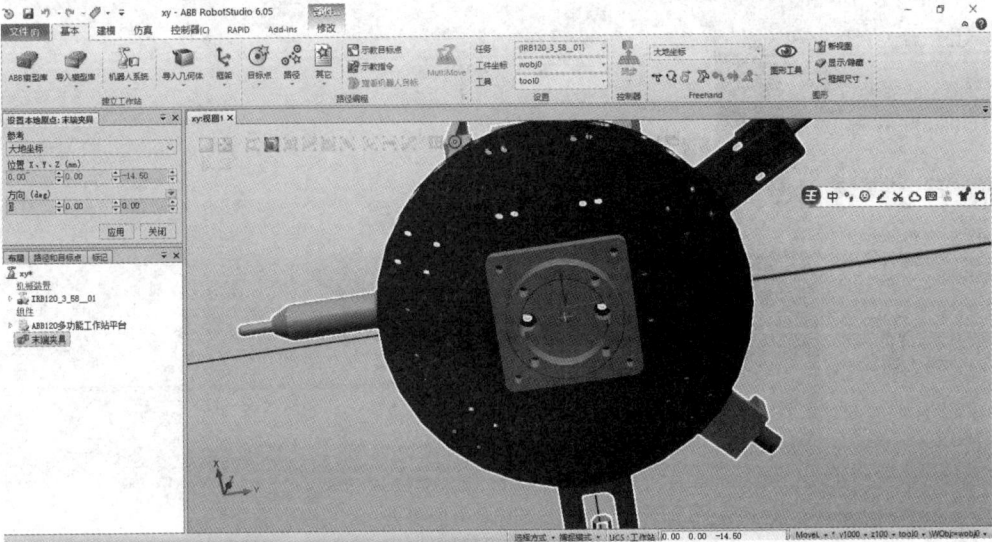

图6-13　本地原点设置

(6) 再次右键布局栏末端夹具，点击"设定位置"按钮，将"设定位置"对话框的所有值改为"0"，如图6-14所示，点击"应用"按钮，将末端夹具移至工作站大地坐标原点处，完成末端夹具本地坐标系原点设定。

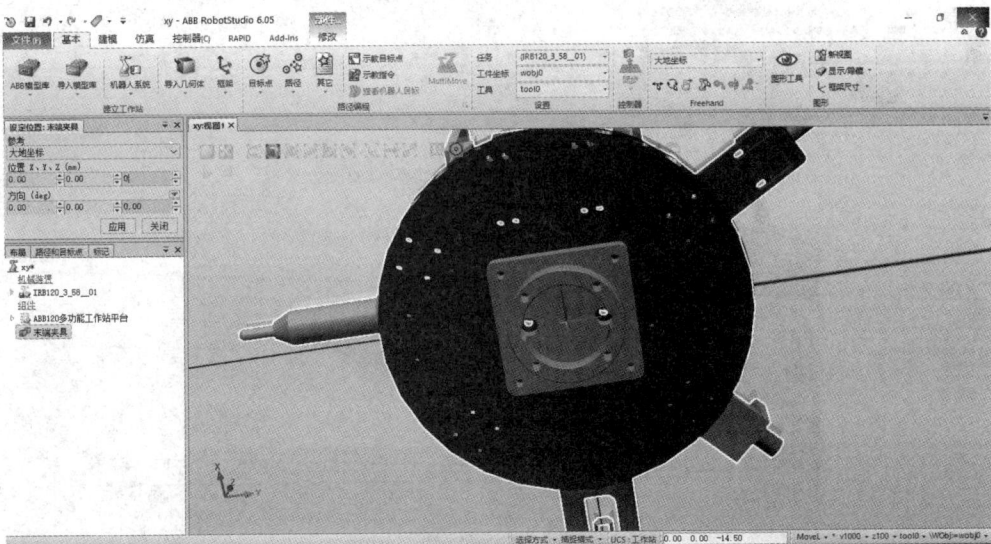

图6-14　位置设定

(7) 再次按住"Ctrl+Shift"键以及鼠标左键，旋转末端夹具，使末端夹具工具可见。选择特征设定为"选择表面"，捕捉特征设定为"圆心"。依次点击"建模"→"框架"→

"创建框架"菜单项，捕捉待使用工具 TCP，本项目用工具笔代替胶枪，因此捕捉工具笔前端圆心，如图 6-15 所示。此时，创建框架对话框显示框架位置，不考虑框架方向，点击"创建"按钮。

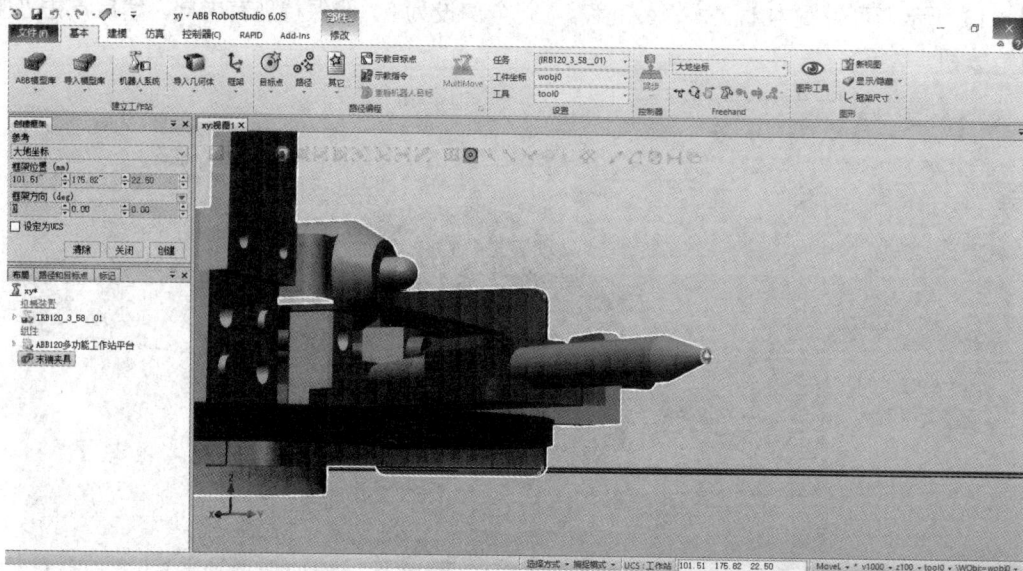

图 6-15　框架位置设定

（8）选择特征设定为"选择表面"，右键"布局栏框架"，点击"设定为表面的法线方向"按钮，点击工具笔前端面。在"设定表面法线方向对话框"中，勾选"在表面上投影的点"，偏移值为"3"，点击"应用"按钮，如图 6-16 所示，此时框架 Z 轴垂直于工具笔前端面，完成框架设定。

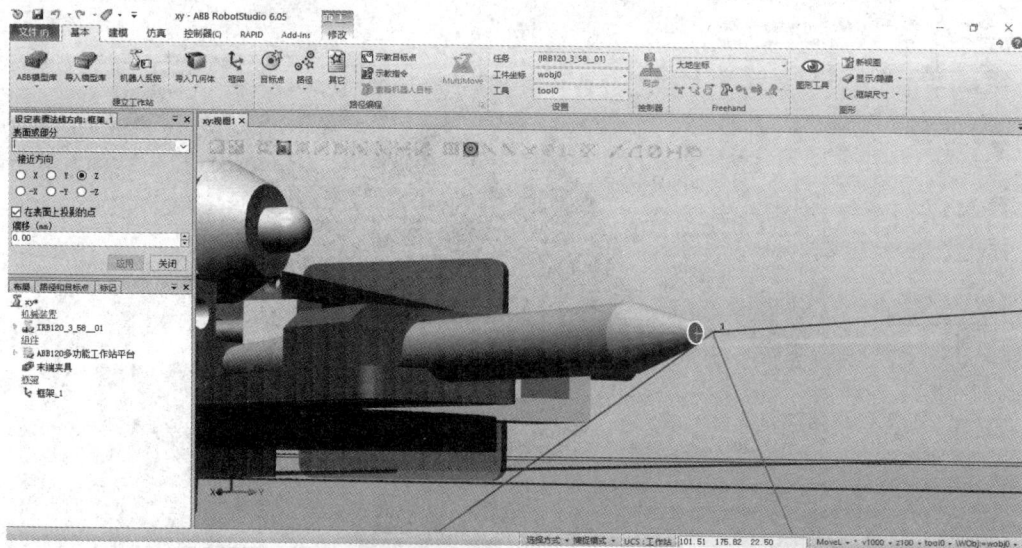

图 6-16　框架 Z 向设定

（9）点击"建模"→"创建工具"菜单项，在弹出的"创建工具"页面中进行设置，如图 6-17 所示；点击"完成"按钮，完成工具 tool1 的建立，如图 6-18 所示。

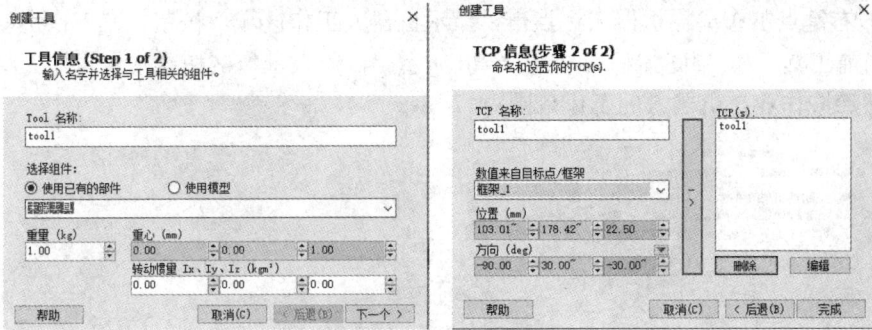

图 6-17　创建工具过程

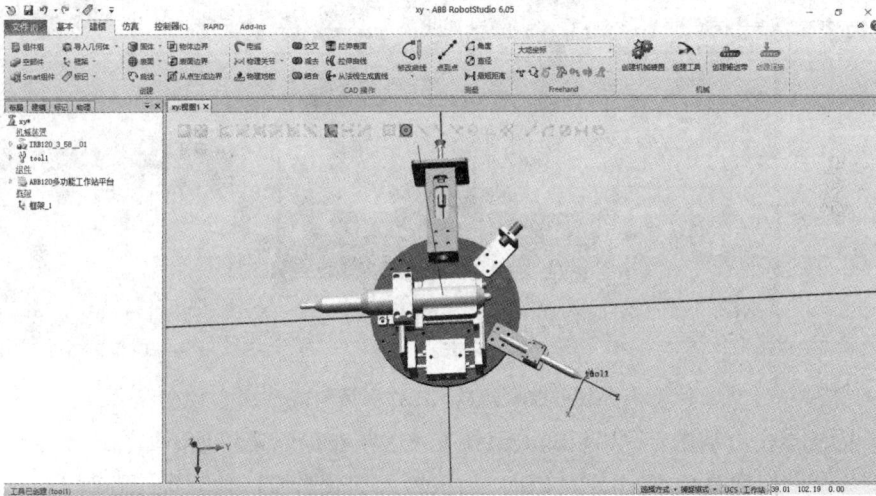

图 6-18　创建工具 tool1

(10) 分别右键点击布局栏机器人和工作台，使之可见，拖动布局栏 tool1 至机器人，在弹出更新位置页面点击"Yes"按钮，将工具 tool1 安装到机器人法兰盘处，如图 6-19 所示，至此完成创建工具的整个过程。

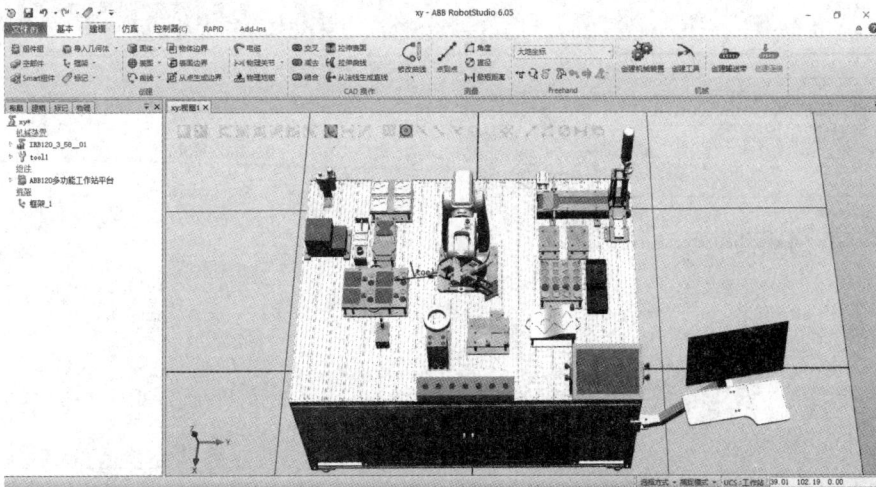

图 6-19　将工具 tool1 安装至机器人法兰盘处

(11) 右键点击布局栏机器人，点击"显示机器人工作区域"按钮，在工作空间页面中选择"当前工具"和"3D 体积"，如图 6-20 所示。机器人工作区域显示了机器人可达到范围，显然涂胶作业在机器人的工作范围内。

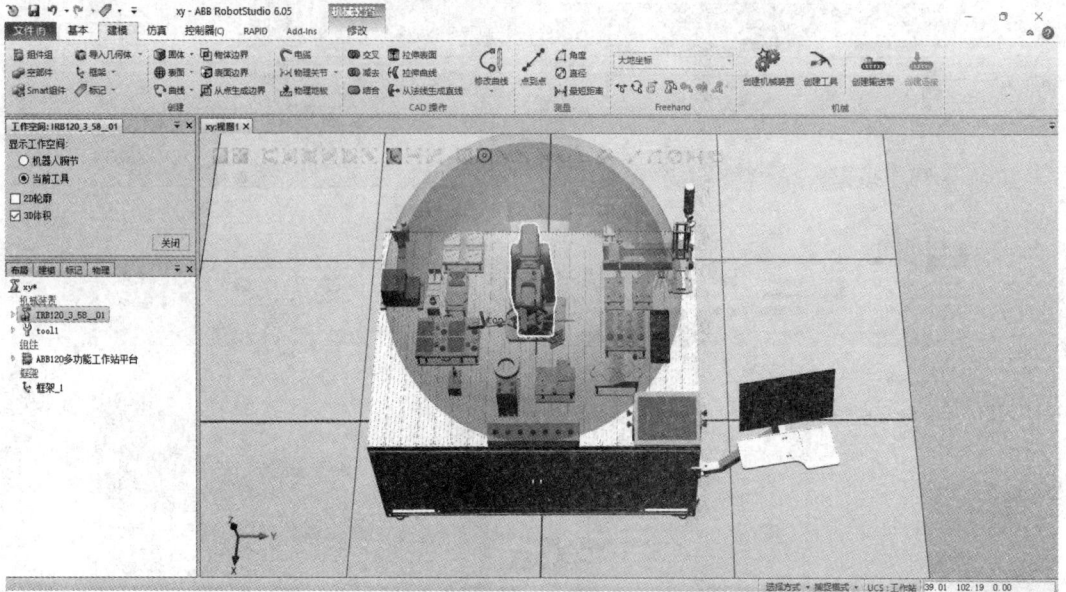

图 6-20　机器人工作区域测试

(12) 依次点击"基本"→"机器人系统"→"从布局"菜单项，如图 6-21 所示，依次点击"下一个"按钮直至"完成"按钮，为机器人加载系统，建立虚拟控制器，使其具有电气特性来完成相关仿真操作，加载过程状态栏绿色滚动。

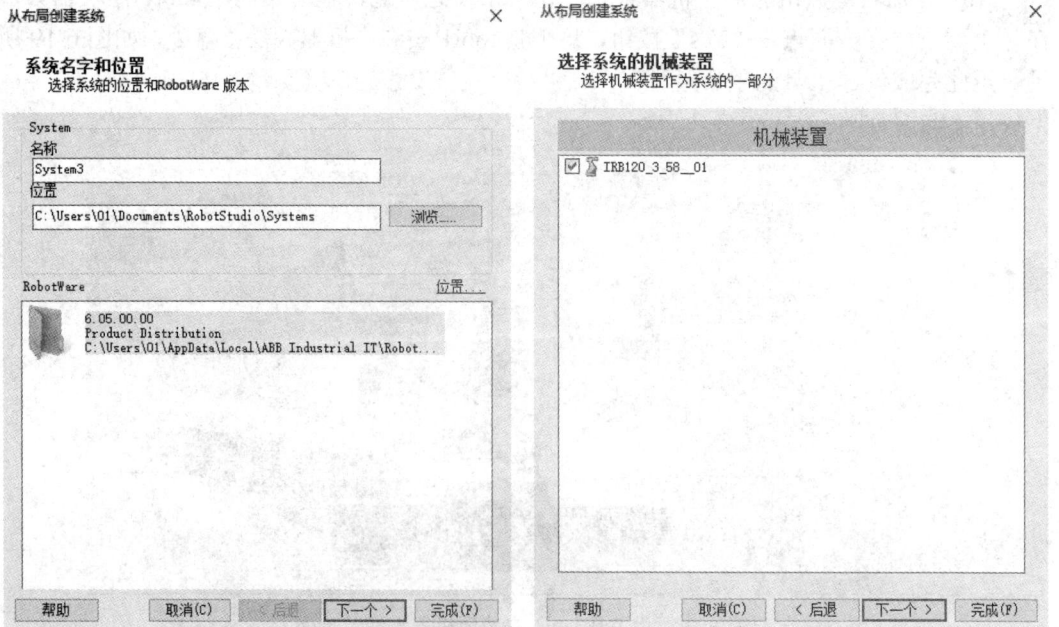

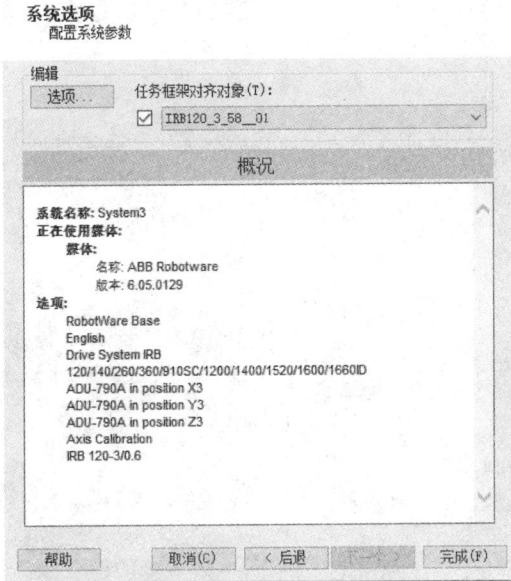

图 6-21　机器人加载系统

(13) 加载完成后，右下角"控制器状态"为绿色，如图 6-22 所示。

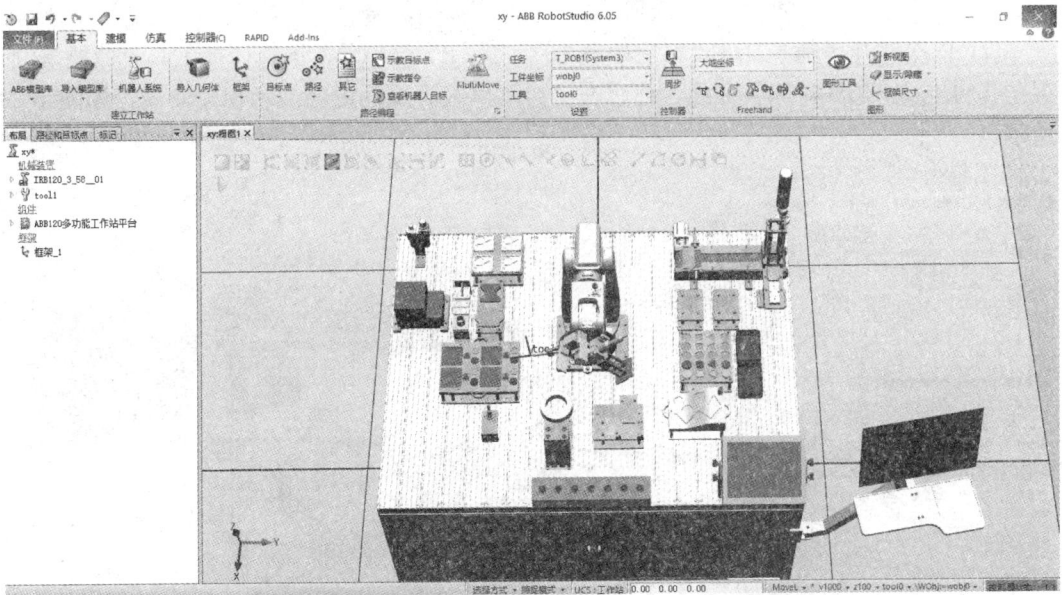

图 6-22　涂胶仿真工业机器人工作站建立完成

(二) 机器人离线轨迹曲线及路径的创建

(1) 依次展开"基本"→"其它"→"创建工件坐标"菜单项，在创建工件坐标页面，将名称修改为"Wobj1"，点击"取点创建框架"按钮，选择"三点法"，通过鼠标在仿真台上选择工件坐标系建立的三个点，点击"Accept"→"创建"按钮，完成工件坐标系的建立。将"基本"选项卡中工件坐标改为"Wobj1"，工具改为"tool1"，如图6-23 所示。

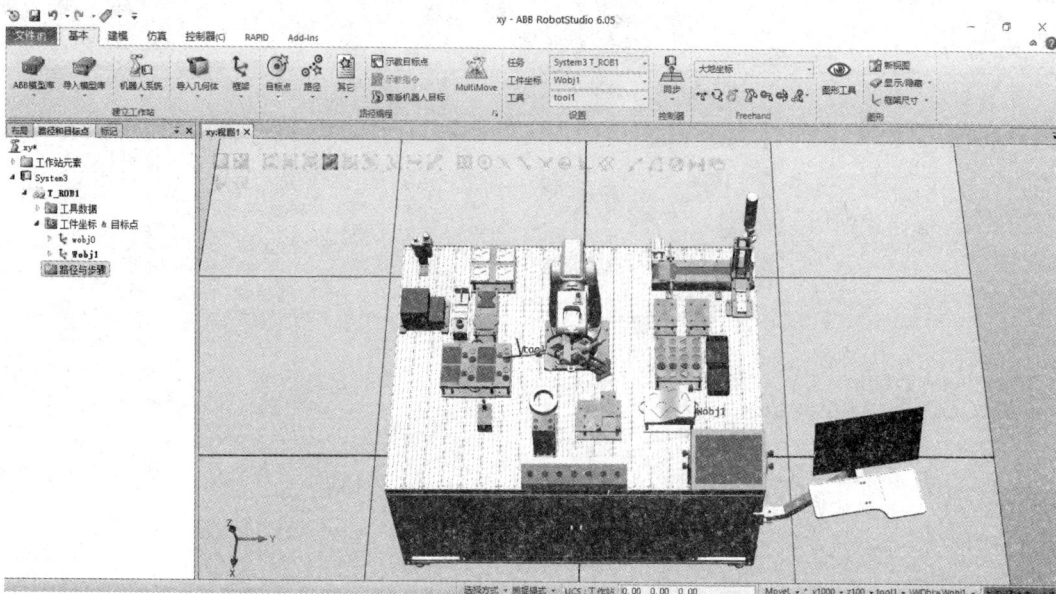

图 6-23　工件坐标建立

（2）依次展开"基本"→"路径"→"自动路径"菜单项，选择捕捉工具"曲线"，捕捉仿真台上 W 形状待涂胶曲线，此时在"自动路径"页面中会显示相关曲线，如图 6-24 所示。

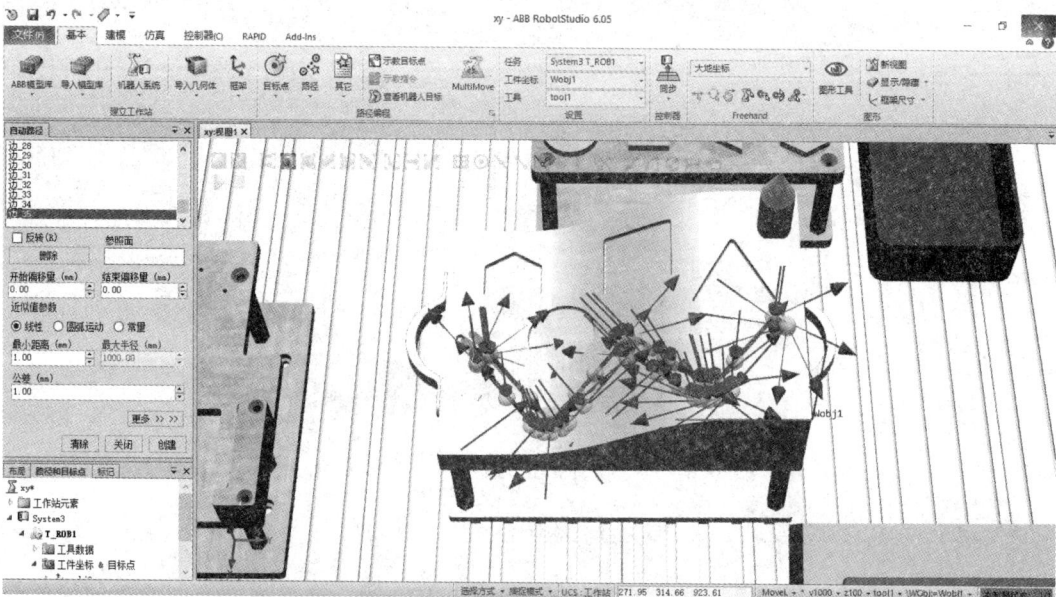

图 6-24　涂胶曲线捕捉

（3）选择捕捉工具"表面"，点击"自动路径"页面中"参照面"，选择"仿真台表面"。近似值参数选择"圆弧运动"，最小距离设置为"1"，最大半径设置为"1000"，公差设置为"1"，点击"创建"按钮，自动生成机器人路径 Path_10，如图 6-25 所示。

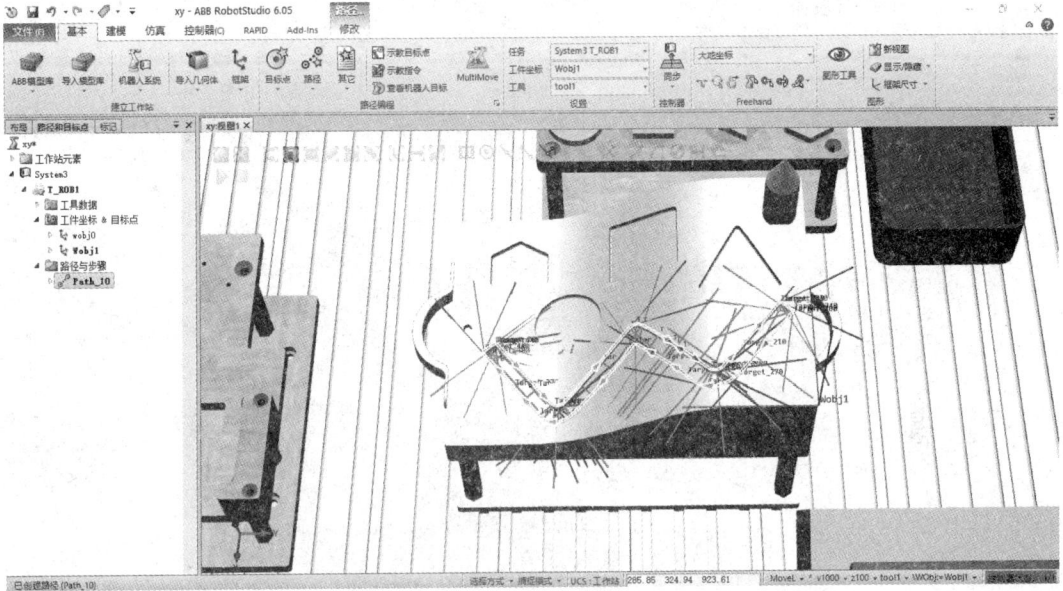

图 6-25　机器人路径 Path_10

（4）在"路径和目标点"栏，依次展开"T_ROB1"→"工件坐标&目标点"→"Wobj1""Wobj1_of"菜单项，即可看到自动生成的各个目标点。右击目标点"Target_10"，选择"查看目标处工具"，点击"tool1"按钮，结果如图 6-26 所示。显然，在目标点 Target_10 处工具姿态，机器人难以达到该目标点。

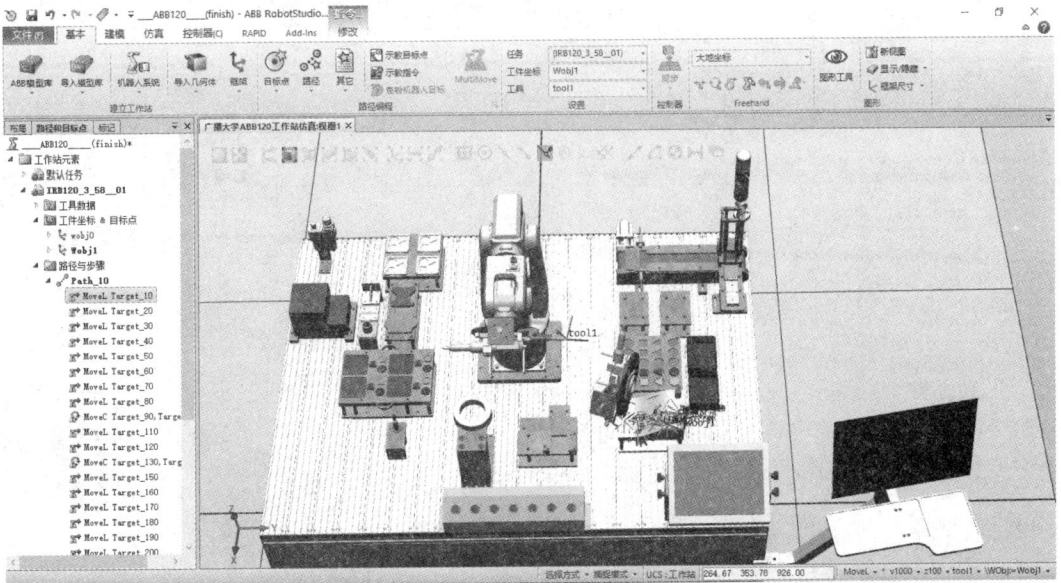

图 6-26　目标点 Target_10 处工具姿态

（5）再次右击目标点 Target_10，选择"旋转"。在"旋转"对话框，参考选择"本地"，勾选"Z 轴"，旋转改为"180°"，点击"应用"按钮即可，如图 6-27 所示。此时，目标点 Target_10 处工具姿态改变，从而使机器人能够达到该目标点。

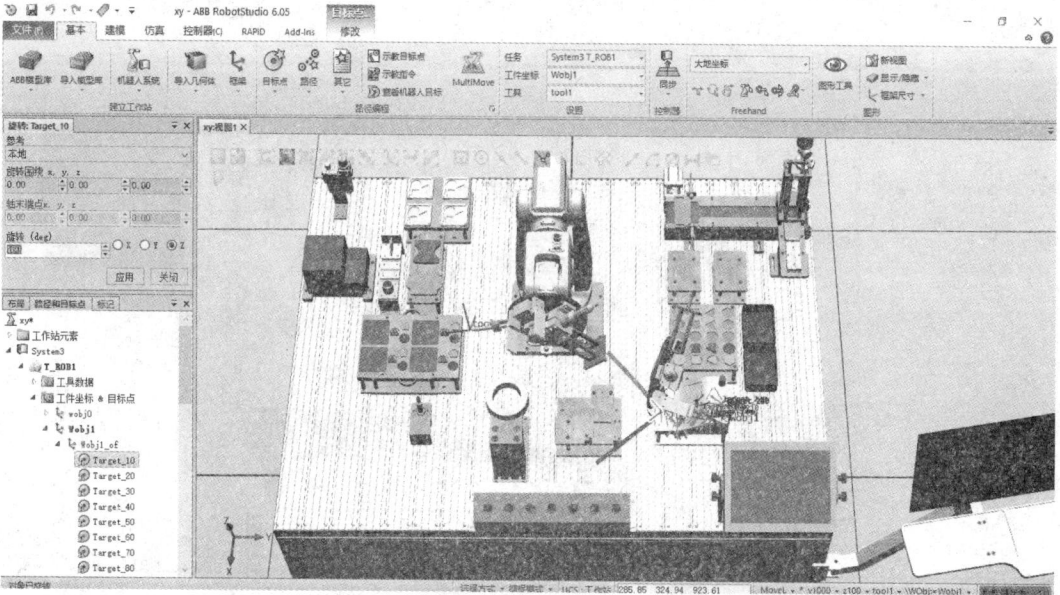

图 6-27　调整后目标点 Target_10 处工具姿态

（6）利用 Shift 与鼠标左键选中剩余的所有目标点，右击选中目标点，选择"对准目标点方向"。在"对准目标点"页面，参考选择 T_ROB1/Target_10，对准轴设为 X，锁定轴为 Z，点击"应用"按钮，将剩余所有目标点的 X 轴方向对准了已调整好姿态的目标点 Target_10 的 X 轴方向，如图 6-28 所示。

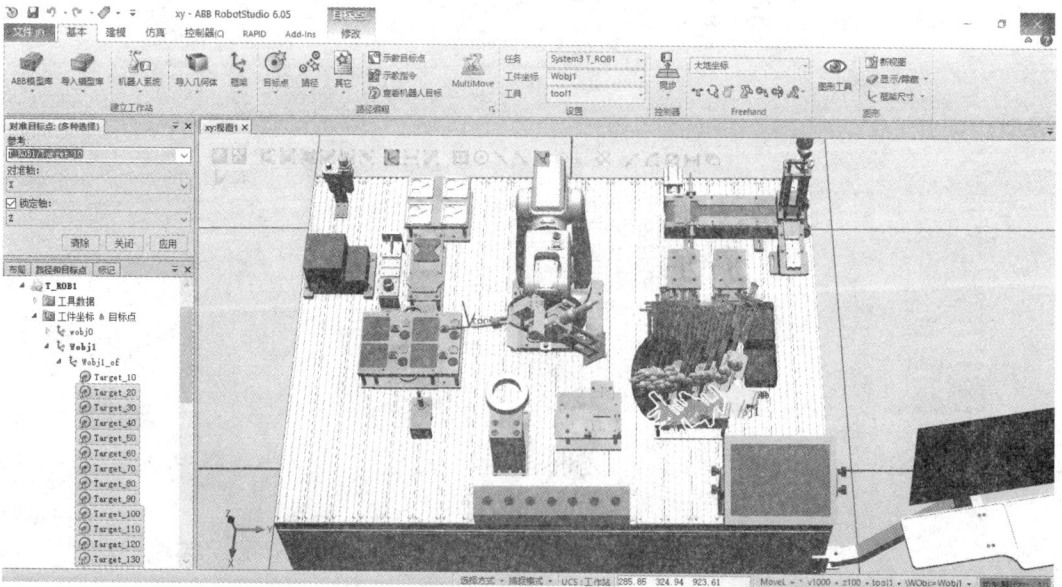

图 6-28　目标点姿态调整

（7）右击目标点 Target_10，选择"参数配置"，在"参数配置"页面中机器人达到目标点可能存在多种关节轴组合情况，即多种轴配置参数，本任务使用默认的第一种轴参数配置，如图 6-29 所示，点击"应用"按钮。

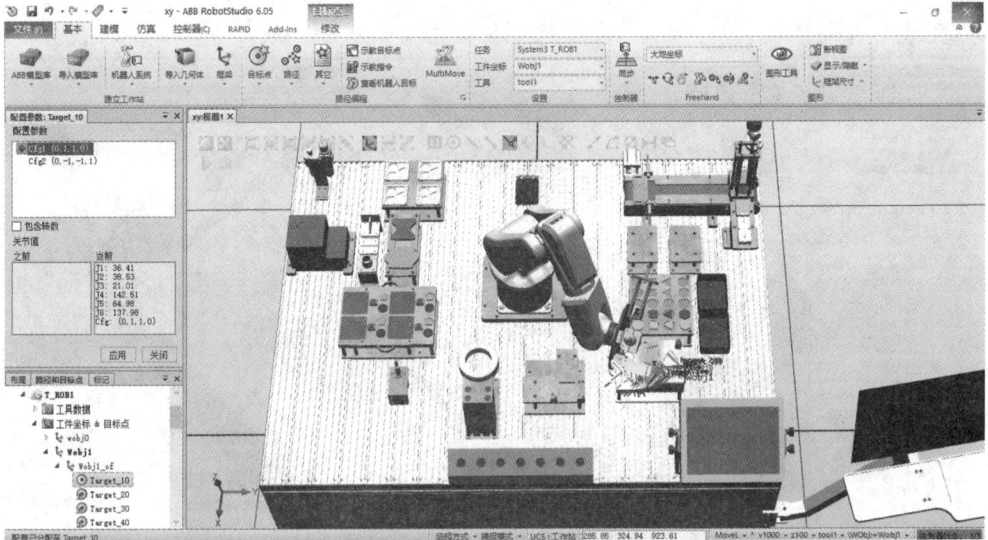

图 6-29 Target_10 轴参数配置

（8）在"路径和目标点"栏，依次展开"T_ROB1"→"路径与步骤"→"Path_10"菜单项，右击"Path_10"，选择"自动配置"，如图 6-30 所示，则机器人为各个目标点自动匹配轴配置参数。右击"Path_10"，选择"沿着路径运动"，让机器人按照运动指令运行，观察机器人运动。

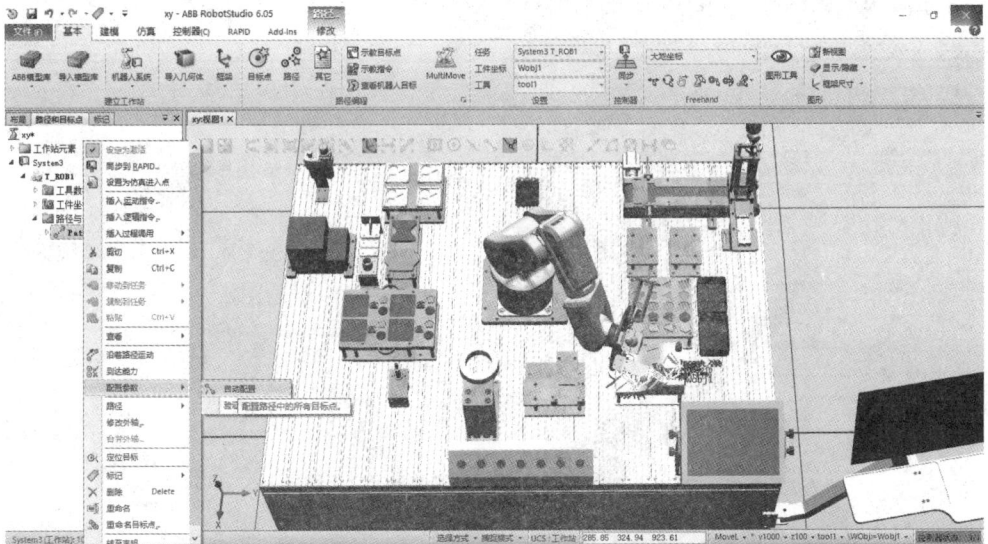

图 6-30 各个目标点自动匹配轴配置参数

（9）在"路径和目标点"栏，右击目标点"Target_10"，选择"复制"，右击"Wobj1"，选择"粘贴"，将 Target_10_2 改为 pproach，右击 pproach，选择偏移位置，参考本地坐标将 Z 轴值改为-100，即为涂胶起始点增加一个轨迹起始接近点，依次展开"pproach"→"添加到路径"→"Path_10"→"<第一>"菜单项,将此点添加到路径 Path_10 中的第一行。用同样的方法,在涂胶结束点处增加一个轨迹结束离开点 PDpart,如图 6-31 所示。

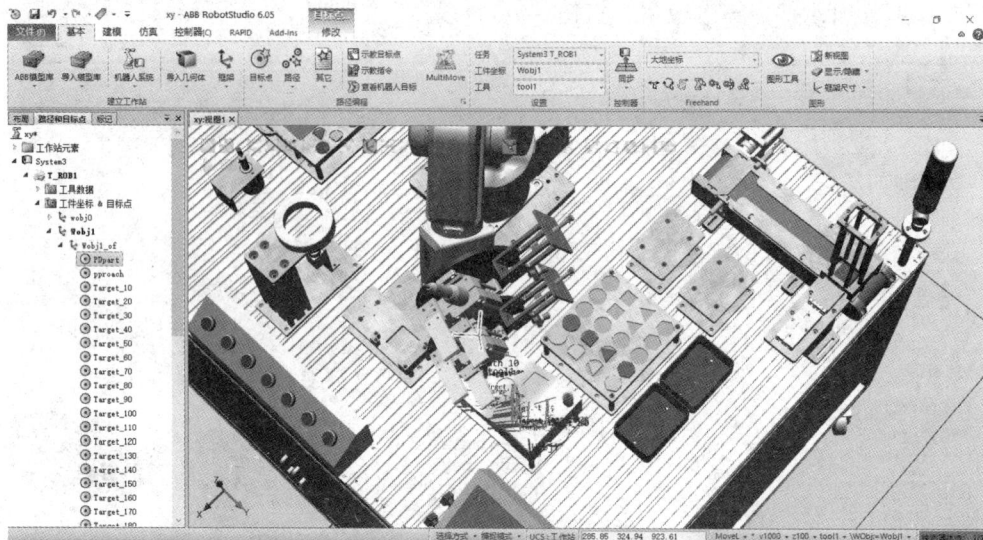

图 6-31　添加接近点和离开点

(10) 在"布局"选项卡中,右击"IRB120",选择"回到机械原点"。将"基本"选项卡中工件坐标改为"Wobj0",点击示教目标点,在 Wobj0 坐标系中增加一个 Home 点。在"路径和目标点"栏,依次展开"T_ROB1"→"工件坐标&目标点"→"Wobj1"→"Wobj1_of"菜单项,将此点重命名为"Phome",如图 6-32 所示。采用点 pproach 和 PDpart 同样的方法,将此点添加到路径 Path_10 中的第一行与最后一行。

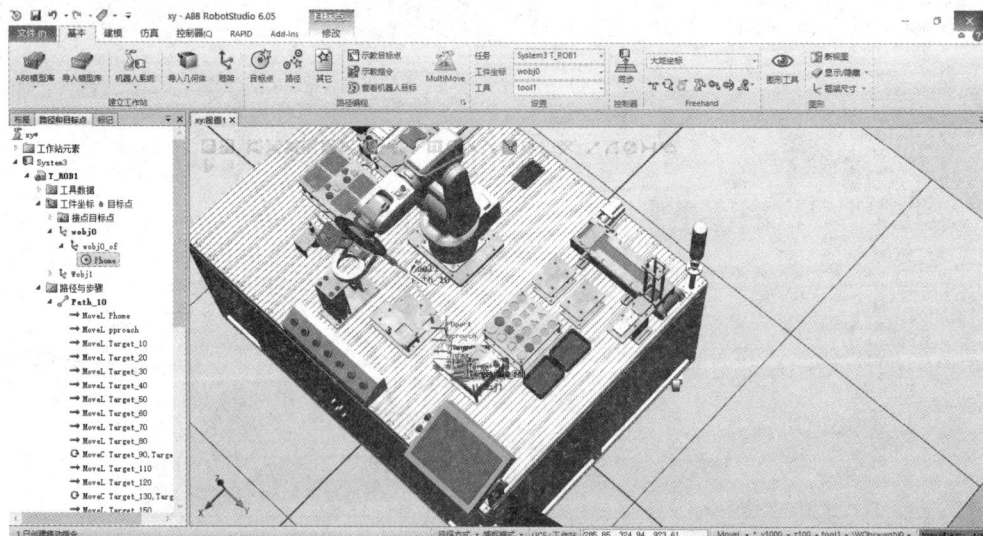

图 6-32　添加 Phome 点

(11) 在"路径和目标点"栏,依次展开"T_ROB1"→"路径与步骤"→"Path_10"菜单项,右击各条指令,选择"指令修改",对各条指令进行运动类型、速度和转弯半径等参数的修改,示例如图 6-33 所示。修改完成后,再次为 Path_10 进行一次轴配置自动调整。

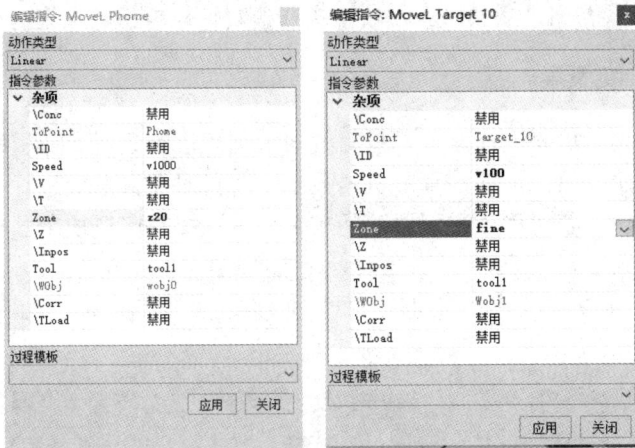

图 6-33　指令修改示例

(12) 若步骤(6)没有问题，则展开"基本"→"同步"菜单项，如图 6-34 所示，点击"确定"按钮，同步到 RAPID。

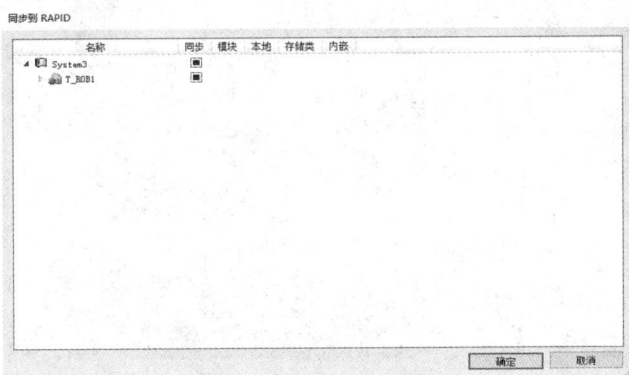

图 6-34　同步到 RAPID

(13) 展开"仿真"→"仿真设定"菜单项，如图 6-35 所示，选择"T_ROB1"，选择进入点为"Path_10"，点击"刷新"按钮。

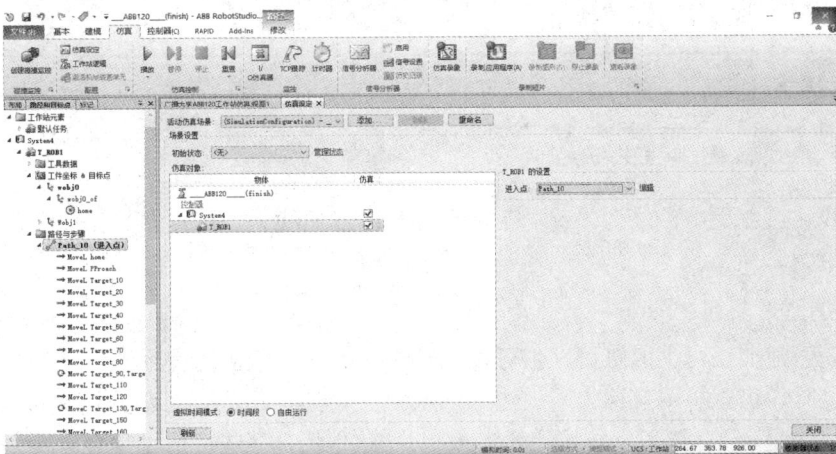

图 6-35　仿真设定

（14）点击"仿真"→"播放"菜单项；执行仿真，查看机器人运行轨迹。

（三）机器人程序导入

对于离线程序导入机器人而言，若只对机器人程序进行编辑，在程序编辑完后可单独将任务或者程序模块导出，加载到真实机器人中；若只对配置参数进行修改，可通过保存参数将配置参数导出；若对程序和配置改动较多，可直接在虚拟控制器中创建备份，将备份恢复至真实机器人中。

（1）依次展开"控制器"→"备份"→"创建备份…"菜单项，如图 6-36 所示，将当前系统备份至 U 盘。

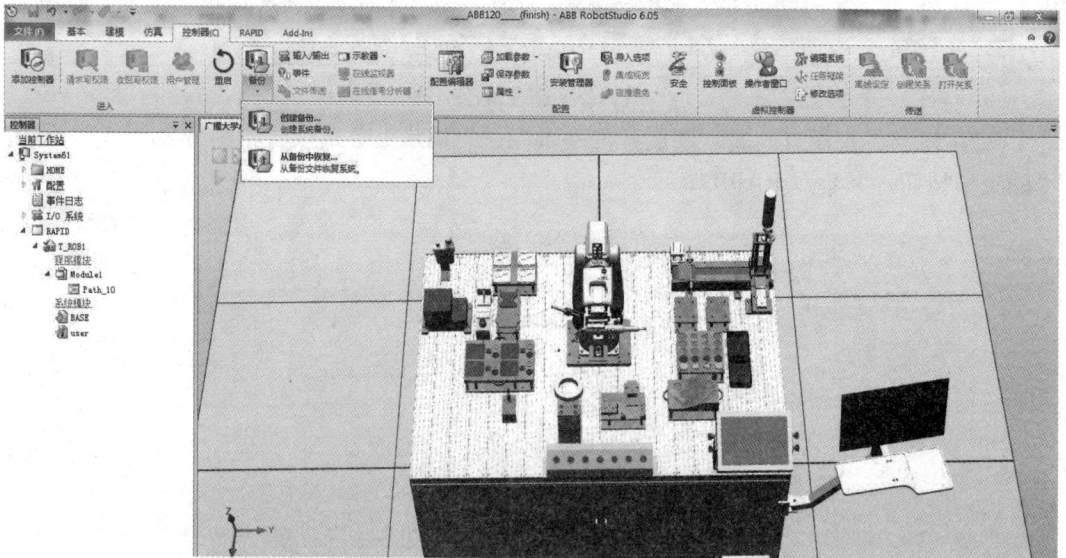

图 6-36　创建备份

（2）参照图 1-6 将 U 盘插入示教器，参照图 2-36 恢复系统，即可在机器人中实际运行涂胶作业任务。实际操作过程中注意机器人姿态和轨迹，以免真实模型与虚拟模型误差引起错误。此外，本方法应谨慎使用。

五、问题探究

（一）离线轨迹编程关键点

在离线轨迹编程中，最为关键的三步是创建图形曲线、目标点调整和轴配置调整，在此作几点说明。

1. 创建图形曲线

可以先创建曲线再生成轨迹，也可以直接去捕捉 3D 模型的边缘进行轨迹创建，在创建自动路径时，可直接用鼠标去捕捉边缘，从而生成机器人运动轨迹。

对于一些复杂 3D 模型，导入到 RobotStudio 软件后，某些特征可能会出现丢失，此外 RobotStudio 软件专注于机器人运动，只提供基本的建模功能，所以在导入 3D 模型之前，建议在专业的制图软件中进行处理，在数模表面绘制相关曲线，导入RobotStudio软件后，根据已有的曲线直接换成机器人轨迹。例如利用SolidWorks软件"特征"菜单中的"分割线"功能就能够在3D模型上面创建实体曲线。

在生成轨迹时，需要根据实际情况，选取合适的近似值参数并调整数值大小。

2. 目标点调整

目标点调整方法有多种，在实际应用过程中，单单使用一种调整方法难以将目标点一次性调整到位，尤其是对工具姿态要求较高的工艺需求场合中，通常需要综合运用多种方法进行多次调整。建议在调整过程中先对单一目标点进行调整，反复尝试调整完成后，其他目标点某些属性可以参考调整好的第一个目标点进行方向对准。

3. 轴配置调整

在为目标点配置轴配置过程中，若轨迹较长，可能会遇到相邻两个目标点之间轴配置变化过大，从而在轨迹运行过程中出现"机器人当前位置无法跳转到目标点位置，请检查轴配置"等问题。此时，可以尝试采用以下几种措施进行更改：

(1) 轨迹起始点尝试使用不同的轴配置参数，如有需要可勾选"包含转数"之后再选择轴配置参数。

(2) 尝试更改轨迹起始点位置。

(3) 尝试运用SingArea、ConfL、ConfJ等指令。

(二) 机器人离线轨迹编程辅助工具

在仿真过程中，规划机器人运行轨迹后，一般需要验证当前机器人轨迹是否与周边设备发生干涉，可使用碰撞监控功能进行检测。此外，还需要对机器人轨迹进行分析，判断轨迹是否满足要求，可通过TCP跟踪功能将机器人运行轨迹记录下来，用于后续分析。

1. 机器人碰撞监控功能使用

模拟仿真的一个重要任务是验证轨迹可行性，即验证机器人在运行过程中是否与周边设备发生碰撞。此外，在轨迹应用过程中，机器人工具实体尖端与工件表面的距离需保证在合理范围之内，即既不能与工件发生碰撞，也不能距离过大，从而保证需求。在RobotStudio软件的"仿真"功能选项卡中有专门用于检测碰撞的功能——碰撞监控，下面以本项目为例介绍使用碰撞监控功能的过程。

(1) 点击"仿真""创建碰撞监控"，在布局栏中展开"碰撞检测设定_1"，显示ObjectA和ObjectB两组对象，将布局栏工具"tool1"拖到ObjectA组中、"仿真台TCP"拖到ObjectB组中。

(2) 右击"碰撞检测设定_1""修改碰撞监控"，弹出"修改碰撞设置"对话框，如图6-37所示。暂时不设定"接近丢失"数值，"碰撞颜色"默认红色。手动线性模式下拖动机器人工具与仿真台TCP发生碰撞，可以观察到碰撞监控效果，即仿真台TCP显示红色。

(3) 设定图6-37中"接近丢失"为5 mm，"丢失颜色"默认黄色，机器人在执行整体轨迹过程中可监控机器人工具是否与工件之间距离过远，同时可监控工具与工件之间是否发生碰撞。手动线性模式下拖动机器人工具靠近仿真台TCP，可以观察到接近丢失效果，即显示黄色。或执行仿真，初始接近过程中工具、工件都是初始颜色，当开始执行工件表面轨迹时，工具、工件显示接近丢失颜色。此颜色表明机器人在运行轨迹过程中与工件距离适中。

2. 机器人 TCP 跟踪功能使用

在机器人运行过程中，可以监控 TCP 的运动轨迹与运动速度，以便分析时用。

(1) 在图 6-37 中取消勾选"启动"选项，点击"应用"按钮，将碰撞监控关闭。

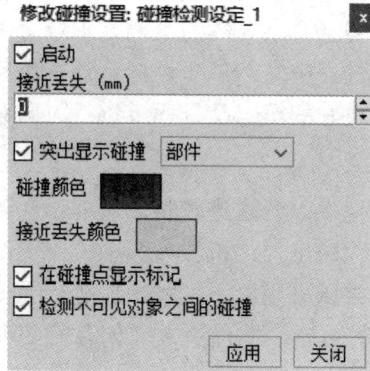

图 6-37　修改碰撞设置

(2) 展开"仿真"→"监控"菜单项，"仿真监控"页面设置如图 6-38 所示。

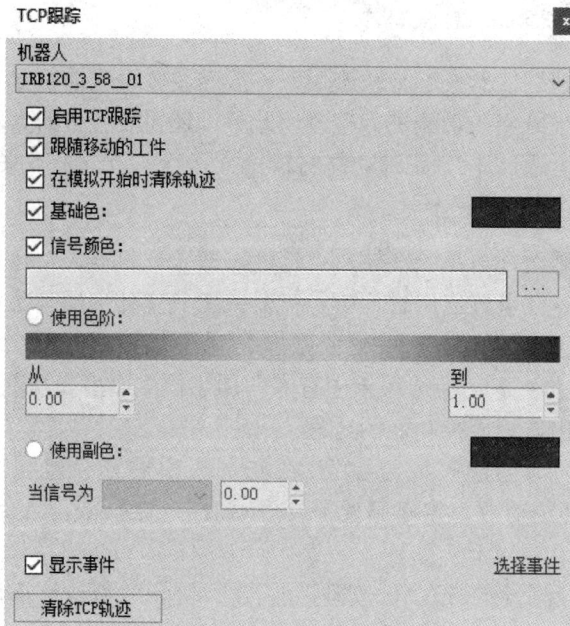

图 6-38　TCP 仿真监控页面设置

(3) 展开"基本"→"显示\隐藏"菜单项，取消勾选"全部目标点/框架"和"全部路径"选项。

(4) 展开"仿真"→"播放"菜单项，记录机器人运行轨迹，并监控机器人运行速度是否超出限制。机器人运行完成后，可根据记录的机器人轨迹进行分析。若想清除记录轨迹，可在"仿真监控"页面(图 6-38)中点击"清除 TCP 轨迹"按钮清除。

六、知识拓展——Smart 组件

RobotStudio 软件中的 Smart 组件是机器人 I/O 信号对仿真对象运动属性进行控制的桥梁。Smart 组件的两大核心功能是 I/O 信号控制和仿真对象的属性配置。Smart 组件包括"信号与属性""参数与建模"和"传感器"等子组件。

1. "信号与属性"子组件

(1) LogicGate：Output 信号的逻辑运算设置，在 InputA 和 InputB 信号的 Operator 中指定，延迟在 Delay 中指定。

(2) LogicExpression：评估逻辑表达式。

(3) LogicMux：依照 Output=(Input A*NOT Selector)+(Input B * Selector)的运算结果，设定 Output 的值。

(4) LogicSplit：获得 Input 信号，并将 OutputHigh 设置与 Input 相同，将 OutputLow 设置与 Input 相反。Input 设为 High 时，PulseHigh 发出脉冲；Input 设为 Low 时，PulseLow 发出脉冲。

(5) LogicSRLatch：用于置位/复位信号，并带锁定功能。

(6) Converter：在属性值和信号值之间转换。

(7) VectorConverter：在 Vector 和 X、Y、Z 值之间转换。

(8) Expression：表达式包括数字字符(包括 PI)，圆括号，数学运算符+、−、*、/、A(幂)和数学函数 sin、cos、sqrt、atan、abs。任何其他字符串词均被视作变量，作为添加的附加信息。结果将显示在 Result 对话框中。

(9) Comparer：使用 Operator 对第一个值和第二个值进行比较。当满足条件时，将 Output 设为 1。

(10) Counter：设置输入信号为 Increase 时，Count 增加；设置输入信号为 Decrease 时，Count 减少；设置输入信号为 Reset 时，Count 被重置。

(11) Repeater：脉冲 Output 信号的 Count 次数。

(12) Timer：用于指定间隔脉冲 Output 信号。如果未选中 Repeat，则在 Interval 中指定的间隔后将触发一个脉冲；如果选中，则在 Interval 指定的间隔后重复触发脉冲。

(13) StopWatch：计量仿真的时间(TotalTime)。触发 Lap 输入信号将开始新的循环。LapTime 显示当前单圈循环的时间。只有 Active 设为 1 时才开始计时。当设置 Reset 输入信号时，时间将被重置。

2. "参数与建模"子组件

(1) ParametricBox：生成一个指定长度、宽度和高度的方框。

(2) ParametricCircle：根据给定的半径生成一个圆。

(3) ParametricCylinder：根据给定的 Radius 和 Height 生成一个圆柱体。

(4) ParametricLine：根据给定端点和长度生成线段。如果端点或长度发生变化，生成的线段将随之更新。

(5) LinearExtrusion：沿着 Projection 指定的方向拉伸 SourceFace 或 SourceWire。

（6）CircularRepeater：根据给定的 DeltaAngle 沿 SmartComponent 的中心创建一定数量的 Source 对象副本。

（7）LinearRepeater：根据 Offset 给定的间隔和方向创建一定数量的 Source 对象副本。

（8）MatrixRepeater：在三维环境中以指定的间隔创建指定数量的 Source 对象副本。

3．"传感器"子组件

（1）CollisionSensor：检测第一个对象和第二个对象间的碰撞和接近丢失状态。如果其中一个对象没有指定，将检测另外一个对象在整个工作站中的碰撞。当 Active 信号为 High、发生碰撞或接近丢失并且组件处于活动状态时，设置 SensorOut 信号并在属性编辑器的第一个碰撞部件和第二个碰撞部件中报告发生碰撞或接近丢失的部件。

（2）LineSensor：根据 Start、End 和 Radius 定义一条线段。当 Active 信号为 High时，传感器将检测与该线段相交的对象。相交的对象显示在 ClosestPart 属性中，距传感器起点最近的相交点显示在 ClosestPoint 属性中。出现相交时，会设置 SensorOut 输出信号。

（3）PlaneSensor：根据 Origin、Axis1 和 Axis2 定义一个平面。设置 Active 输入信号时，传感器会检测与平面相交的对象。相交的对象将显示在 SensedPart 属性中。出现相交时，将设置 SensorOut 输出信号。

（4）VolumeSensor：检测全部或部分位于箱形体积内的对象。体积用角点、边长、边高、边宽和方位角定义。

（5）PositionSensor：监视对象的位置和方向，对象的位置和方向仅在仿真期间被更新。

（6）ClosestObject：定义了参考对象或参考点。设置 Execute 信号时，组件会找到 ClosestObject、ClosestPart 和相对于参考对象或参考点的 Distance(如未定义参考对象)。如果定义了 RootObject，则会将搜索的范围限制为该对象和其同源的对象。完成搜索并更新了相关属性时，将设置 Executed 信号。

4．"动作"子组件

（1）Attacher：设置 Execute 信号时，Attacher 将 Child 安装到 Parent 上。如果 Parent为机械装置，还必须指定要安装的 Flange。设置 Execute 输入信号时，子对象将安装到父对象上。如果选中 Mount，还会使用指定的 Offset 和 Orientation 将子对象装配到父对象上。完成时，将设置 Executed 输出信号。

（2）Detacher：设置 Execute 信号时，Detacher 会将 Child 从其所安装的父对象上拆除。

（3）Source：源组件的 Source 属性表示在收到 Execute 输入信号时应复制的对象。

（4）Sink：删除 Object 属性参考的对象。收到 Execute 输入信号时开始删除。删除完成时设置 Executed 输出信号。

（5）Show：设置 Execute 信号时，将显示 Object 中参考的对象。完成时，将设置 Executed信号。

（6）Hide：设置 Execute 信号时，将隐藏 Object 中参考的对象。完成时，将设置 Executed信号。

5．"本体"子组件

（1）LinearMover：按 Speed 属性指定的速度，沿 Direction 属性中指定的方向，移动

Object 属性中参考的对象。设置 Execute 信号时开始移动，重设 Execute 信号时停止。

（2）LinearMover2：LinearMover2 将指定物体移动到指定的位置。

（3）Rotator：按 Speed 属性指定的旋转速度作用于 Object 属性中的参考对象。

（4）Rotator2：使指定物体绕着指定坐标轴旋转指定的角度。

（5）Positioner：具有对象、位置和方向属性。设置 Execute 信号时，开始将对象向相对于 Reference 的给定位置移动。完成时设置 Executed 输出信号。

（6）PoseMover：包含 Mechanism、Pose 和 Duration 等属性。设置 Execute 输入信号时，机械装置的关节值移向给定姿态。达到给定姿态时，设置 Executed 输出信号。

（7）JointMover：包含机械装置、关节值和执行时间等属性。当设置 Execute 信号时，机械装置的关节向给定的位姿移动。当达到位姿时，使 Executed 输出信号。使用 GetCurrent 信号可以重新找回机械装置当前的关节值。

（8）MoveAlongCurve：按 Speed 属性指定的速度，沿 Direction 属性中指定的方向，移动 Object 属性中参考的对象。设置 Execute 信号时开始移动，重设 Execute 信号时停止移动。

6. "其他" 子组件

（1）GetParent：返回输入对象的父对象。

（2）GraphicSwitch：通过单击图形中的可见部件或设置重置输入信号在两个部件之间转换。

（3）Highlighter：临时将所选对象显示为定义了 RGB 值的高亮色彩。高亮色彩混合了对象的原始色彩，通过 Opacity 进行定义。当信号 Active 被重设时，对象恢复原始颜色。

（4）Logger：打印输出窗口的信息。

（5）MoveToViewPoint：当设置输入信号 Execute 时，在指定时间内移动到选中的视角。当操作完成时，设置输出信号 Executed。

（6）ObjectComparer：比较 ObjectA 是否与 ObjectB 相同。

（7）Queue：表示 FIFO(first in, first out)队列。当设置 Enqueue 信号时，在 Back 中的对象将被添加到队列中，队列前端对象将显示在 Front 中。当设置 Dequeue 信号时，Front 对象将从队列中移除，如果队列中有多个对象，下一个对象将显示在前端。当设置 Clear 信号时，队列中所有对象将被删除。如果 Transformer 组件以 Queue 组件作为对象，该组件将转换 Queue 组件中的内容而非 Queue 组件本身。

（8）SoundPlayer：当输入信号被设置时，播放使用 SoundAsset 指定的声音文件，且声音文件必须为.wav 格式文件。

（9）StopSimulation：当设置了输入信号 Execute 时，停止仿真。

（10）Random：当 Execute 被触发时，随机生成最大最小值间的任意值。

（11）SimulationEvents：在仿真开始和停止时，发出脉冲信号。

七、评价反馈

学习完本项目后，填表 6-1。

表 6-1　评　价　表

序号	评 估 内 容	自评	互评	师评
基本素养(30 分)				
1	纪律(无迟到、早退、旷课)(10 分)			
2	安全规范操作(10 分)			
3	团结协作能力、沟通能力(10 分)			
理论知识(20 分)				
1	RobotStudio 软件界面的认知(5 分)			
2	轴配置参数的认知(5 分)			
3	碰撞监控的认知(5 分)			
4	TCP 跟踪的认知(5 分)			
技能操作(50 分)				
1	工作站布局(10 分)			
2	创建机器人工具(10 分)			
3	机器人离线轨迹编程与现场调试(20 分)			
4	RobotStudio 软件与机器人连接、传送文件等操作(10 分)			
综 合 评 价				

练　习　题

1. 填空题

(1) RobotStudio 软件中，创建机器人用工具"设定本地原点"的参考坐标系为＿＿＿＿。

(2) RobotStudio 软件中，创建固体部件，其参考坐标系为＿＿＿＿。

(3) 在 RobotStudio 软件中，实现吸盘工具对物料的抓取，可使用＿＿＿＿Smart 组件。

(4) 创建夹爪 Smart 组件时，若要使夹爪释放工件后保持工件位置不变，需勾选动作 Detacher 中的＿＿＿＿。

(5) ABB 机器人在仿真环境下，进行手动线性运动后，位置会发生变化，＿＿＿＿操作可使机器人回到原始位置。

2. 选择题

(1) 在 RobotStudio 软件中，要使机器人吸盘工具自动检测到吸取的工件，需要添加＿＿＿组件。

A. PlaneSensor　　　　　　　　B. LineSensor

C. LinearMover　　　　　　　　D. Attacher

(2) 以下无需"请求写权限"即可使用的 RobotStudio 软件的在线功能有＿＿＿。

A. 在线修改程序　　　　　　　B. 机器人系统恢复

C. 在线添加指令　　　　　　　D. 机器人系统备份

(3) 在 RobotStudio 软件中使用 TCP 跟踪功能，"TCP 跟踪"选项不能设置____。

A. 跟踪长度　　　　　　　　　　B. 接近丢失距离

C. 跟踪轨迹颜色　　　　　　　　D. 提示颜色

(4) RobotStudio 软件中，在 XY 平面上移动工件的位置，可选中 Freehand 中____按钮，再拖动工件。

A. 移动　　　　B. 拖曳　　　　C. 旋转　　　　D. 手动关节

(5) RobotStudio 软件中，未创建机器人系统的情况下可以使用的功能是____。

A. 打开虚拟示教器　　　　　　　B. 手动线性

C. 手动重定位　　　　　　　　　D. 导入几何体

3. 判断题

(1) 在 RobotStudio 软件中，在同一个工作站中，一个工具只能有一个框架。（　　）

(2) 在 RobotStudio 软件中，可以设置"TCP 跟踪"的跟踪长度。（　　）

(3) Smart 组件中，Attacher 组件可实现夹爪工具从机器人末端拆除的动作。（　　）

(4) 在 RobotStudio 软件中的坐标系中，红色表示 Z 轴方向。（　　）

(5) 在 RobotStudio 软件离线编程中，示教的目标点 Target_10 只能添加到路径的第一行。

（　　）

4. 操作题

对图 6-1 中仿真台上的三角形、四边形、六边形和圆形轨迹进行涂胶作业的虚实结合编程。

参 考 文 献

[1]　叶晖. 工业机器人工程应用虚拟仿真教程[M]. 北京：机械工业出版社，2014.

[2]　刘小波. 工业机器人技术基础[M]. 北京：机械工业出版社，2016.

[3]　许文稼，张飞.工业机器人技术基础[M]. 北京：高等教育出版社，2017.

[4]　叶晖. 工业机器人典型应用案例精析[M]. 北京：机械工业出版社，2013.

[5]　叶晖，管小清. 工业机器人实操与应用技巧[M]. 北京：机械工业出版社，2010.

[6]　邓三鹏. ABB 工业机器人编程与操作[M]. 北京：机械工业出版社，2018.

[7]　龚仲华. ABB 工业机器人编程与操作[M]. 北京：人民邮电出版社，2020.